ARCHIV FÜR TIERERNÄHRUNG

UNTER MITWIRKUNG VON

Prof. Dr. A. Hock, Berlin. Prof. Dr. Dr. W. Lenkeit, Göttingen

Prof. Dr. Dr. h. c. K. Nehring, Rostock. Prof. Dr. Dr. Dr. h. c. W. Wöhlbier, Stuttgart-Hohenheim

HERAUSGEGEBEN VON

ERNST MANGOLD †

Prof. Dr. med. Dr. phil. Dr. med. vet. h. c. Dr. agr. h. c. Dr. agr. h. c.

Direktor em. des Instituts für Tierernährungslehre

der Humboldt-Universität Berlin

11. BAND

Ausgegeben am 15. JULI 1962

HEFT

6

AKADEMIE-VERLAG · BERLIN

ARCH. TIERERNÄHRUNG · 11. BAND NR. 5 · S. 393–452 · BERLIN · 1. NOVEMBER 1961

INHALT

Das Archiv für Tierernährung erscheint zweimonatlich in Heften zu 80 Seiten im Format 17,5 × 25 cm unbeschnitten. Der Preis des Heftes beträgt DM 8,50. 6 Hefte werden zu einem Band vereinigt. Der Besteller muß sich zur Abnahme eines Bandes verpflichten. Die Hefte werden jeweils einzeln berechnet. Im Jahre erscheint nicht mehr als 1 Band. Bestellungen werden direkt an den Akademie-Verlag GmbH, Berlin W 8, Leipziger Straße 3–4, oder über eine wissenschaftliche Buchhandlung erbeten.

Manuskriptsendungen — zugelassen sind die vier Kongreßsprachen — sind an Herrn Prof. Dr. Andreas Hock oder Herrn Dr. Hans Bergner, Institut für Tierernährungslehre, Berlin N 4, Invalidenstraße 42, zu richten. Mit der Veröffentlichung geht das alleinige Verlagsrecht an das Archiv für Tierernährung über. Daher müssen Arbeiten, die bereits an anderer Stelle veröffentlicht worden sind, zurückgewiesen werden. Die Verfasser verpflichten sich, Manuskripte, die vom Archiv für Tierernährung angenommen worden sind, nicht an anderer Stelle zu veröffentlichen.

Die Verfasser erhalten von größeren wissenschaftlichen Arbeiten 50 Sonderdrucke unentgeltlich. Den Manuskripten beiliegende Zeichnungen müssen sauber, in zweifacher Größe ausgeführt sein. Wenn sie nicht voll reproduktionsfähig nach den Vorschriften des Normblattes DIN 474 eingereicht werden, ist die Beschriftung nur mit Bleistift einzutragen. Zur Herstellung von Netzätzungen sind nur einwandfreie Photographien brauchbar.

Für alle Literaturzitate sind die Vorschriften des Normblattes DIN 1502 und 1502 Beiblatt I maßgebend. Die Zitate müssen den Verfasser (mit den Anfangsbuchstaben der Vornamen), den vollständigen Titel der Arbeit und die Quelle mit Band, Seitenzahl und Erscheinungsjahr enthalten. Das Literaturverzeichnis soll alphabetisch geordnet sein.

Herausgeber und verantwortlich für den Inhalt: Prof. Dr. med. Dr. phil. Dr. med. vet. h. c. Dr. agr. h. c. Dr. agr. h. c. Ernst Mangold †. Verlag: Akademie-Verlag GmbH, Berlin W 8, Leipziger Straße 3-4 (Fernruf 22 04 41; Telex-Nr. 011773; Postscheckk. Berlin: 35021). Bestell-Nr. d. Heftes: 1010/XI/6. Das Archiv für Tierernährung erscheint jährlich in 1 Band zu 6 Heften. Bezugspreis je Einzelheft DM 8,50 ausschließlich Porto und Verpackung. Satz und Druck: Robert Noske, Borna (Bez. Leipzig). Veröffentlicht unter der Lizenznummer 5003 des Ministeriums für Kultur.

Aus dem Forschungsinstitut für Futterbau und Tierernährung der Tschechoslowakischen Akademie der Landwirtschaftswissenschaften, Pohořelice-ČSSR
(Direktor: Ing. VL. AMBROS)

IVAN KLIMES und *BOH VEROSTA*

Neue Methode der Erzeugung von Eiweiß-Vitamin-Konzentrat aus Futterpflanzen

Einleitung

Der Eiweiß- und Vitaminmangel beeinflußt die Entfaltung der tierischen Produktion ganz beträchtlich. Es gibt eine Reihe von Möglichkeiten, durch welche dieses Defizit herabgesetzt werden kann. Eine dieser Möglichkeiten ist die Herabsetzung von Verlusten während der Ernte und Trocknung von Futterpflanzen. Bei gewöhnlicher Trocknung betragen diese Verluste im Durchschnitt ungefähr 3,3 dt verdauliches Eiweiß je 1 ha und rund 90% des gesamten Karotins. Ähnlich steht es mit den übrigen für die Ernährung wichtigen Komponenten. Die angeführten Verluste können bei Heißlufttrocknung praktisch vollkommen ausgeschlossen werden. Die bisher in der ganzen Welt angewandte Methode der künstlichen Trocknung von Futterpflanzen in Heißluft-Trockenanlagen ist mit einem verhältnismäßig großen Aufwand verbunden, was eine breitere Verwendung in der landwirtschaftlichen Produktion behindert. In unserer Arbeit schlagen wir eine neue Ernte- und Trocknungsart für Kleearten vor, die die Kosten für die Erzeugung von künstlich getrocknetem Mehl aus Kleearten wesentlich herabsetzt. Bei der Herabsetzung der Kosten pro Gewichtseinheit der getrockneten Masse werden gleichzeitig vor allem die Kosten für die gewonnenen Nährstoffe herabgesetzt und die Qualität des Endproduktes, das kein gewöhnliches Futtermittel mehr ist, sondern zu einem Eiweiß-Vitamin-Konzentrat wird, wesentlich erhöht.

Literaturübersicht

Gleich wie beim Entwurf der sog. Etagenernte [11, 12] gingen wir auch in diesem Falle von unseren vorangehenden Arbeiten [4, 5, 6, 7], bei denen wir die gegenseitigen Beziehungen einiger vom Gesichtspunkt der Ernährung wichtiger Luzernekomponenten und der Bedeutung des Blattwerkes für den Ertrag dieser Stoffe beobachteten. Wir stellten fest, daß der Nährstoffgehalt und -ertrag eine Funktion des prozentischen Blätteranteils der Pflanze ist. Ähnliche Schlüsse wurden auch von anderen Autoren gezogen. HAM und TYSDAL [1] verfolgten den Karotingehalt verschiedener Luzernesorten und stellten fest, daß die mit reicherem Blattwerk ausgestatteten Sorten einen höheren Karotingehalt aufweisen. THOMPSON [15] fand in den Blättern einen fünf- bis zehnmal höheren Karotingehalt als in den Stengeln. Zu denselben Resultaten gelangten SCHURAWLJEW [17] und ZACHARTSCHENKO [16]. HERZIG [3] befaßt sich mit der Frage des zweckmäßigsten Entwicklungsstadiums der Kleearten vom Gesichtspunkt des maximalen Nährstoffertrages, vor allem des verdaulichen Rein-Eiweißes bei minimaler Ernte von Ballaststoffen. HARDISON [2] löste die Frage der Änderung des Nährstoffgehaltes einzelner Futterpflanzenteile und der Änderungen der Verdauungskoeffizienten dieser Pflanzenteile. Die gesamten Ergebnisse und übrigens auch die alte Erfahrung der Praxis bestätigten eindeutig den wesentlich höheren Blätterwert im Vergleich zu den Stengeln.

Experimenteller Teil und Ergebnisse

Ausgehend von der Tatsache, daß der Hauptanteil von Nährstoffen in den Blättern konzentriert ist, schlagen wir eine Ernte- und Verarbeitungsart vor, bei der die größte Aufmerksamkeit den Blättern gewidmet wird, die von den Stengeln gesondert bearbeitet werden. Das Prinzip dieser Methode beruht auf dem mechanischen Abpflücken der Kleeblätter und der Konservierung derselben durch Trocknung, Sterilisierung usw. Die von den Blättern befreiten Stengel werden auf dem Felde getrocknet und unter Anwendung hoher Mechanisierung geerntet, denn es besteht keine Verlustgefahr mehr durch mechanisches Abbröckeln; sie werden eventuell ensiliert oder gelangen zur direkten Verfütterung.

Zum mechanischen Abpflücken von Blättern haben wir eine einfache Maschine entworfen, deren Prinzip und Tätikgeit in der Seitenansicht auf dem Bild Nr. 1 und im Grundriß auf dem Bild Nr. 2 dargestellt ist. Der Hauptbestandteil dieser Maschine ist eine schnell rotierende Trommel, auf deren Oberfläche angebrachte Finger in den Bestand eingreifen und durch schnelle Bewegung die Blätter abpflücken.

Der Antrieb von einer äußeren Quelle — einem Schlepper — wird auf die Maschine mittels einer Zapfenwelle *1* und Getriebe *2* auf Riemenscheiben *3, 4, 5* und *6* übertragen. Die Riemenscheibe *3* treibt die Trommel *7* mit Kammfingern *8* an, die auf verschiedene Höhen umstellbar ist. Diese im Gehäuse *15* untergebrachte Trommel greift mit ihren Fingern in den Bestand ein und pflückt durch schnelle Rotationsbewegung die Blätter von den Stengeln ab. Die Blätter werden mittels des Ventilators *9* in den angehängten Rollwagen befördert. Der Ventilator *9* wird durch die Riemenscheibe *5* angetrieben. Die blattlosen Stengel werden mittels einer Haspel *10* gegen den Mähbalken *11* gedrückt, der sie in einer üblichen Höhe schneidet. Der Mähbalken wird durch die Riemenscheibe *6* angetrieben. Die ganze Vorrichtung ist auf dem Rahmen *12,* der rückwärts von zwei Rädern *13* getragen wird, untergebracht. Das Kopieren des Terrains (d. i. die Angleichung an die Unregelmäßigkeiten des Terrains) das von der Trommel *7* durchgeführt wird, ist durch die vorn angeordneten Bantamräder *14* ermöglicht.

Bei einer abgeänderten Durchführung der Maschine kann die Trommel durch die an einer Hebelkonstruktion, mit Schwingbewegung von der Kurbelwelle, befestigten Finger ersetzt werden. Der technologische Vorgang und die Maschinenkonstruktion ist Gegenstand einer Patentanmeldung [7].

Versuchsweise Überprüfung

Der Versuch wurde beim zweiten und dritten Luzerneschnitt im zweiten Nutzungsjahr in zwei Alternativen, und zwar einerseits im stehenden, anderseits in einem nach einer Seite geneigten Bestand durchgeführt. In beiden Fällen

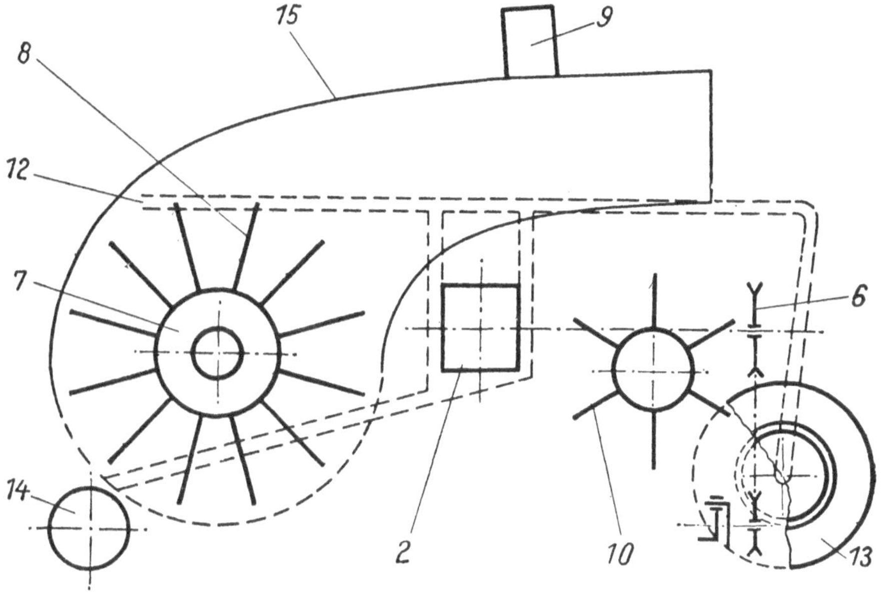

Abb. 1

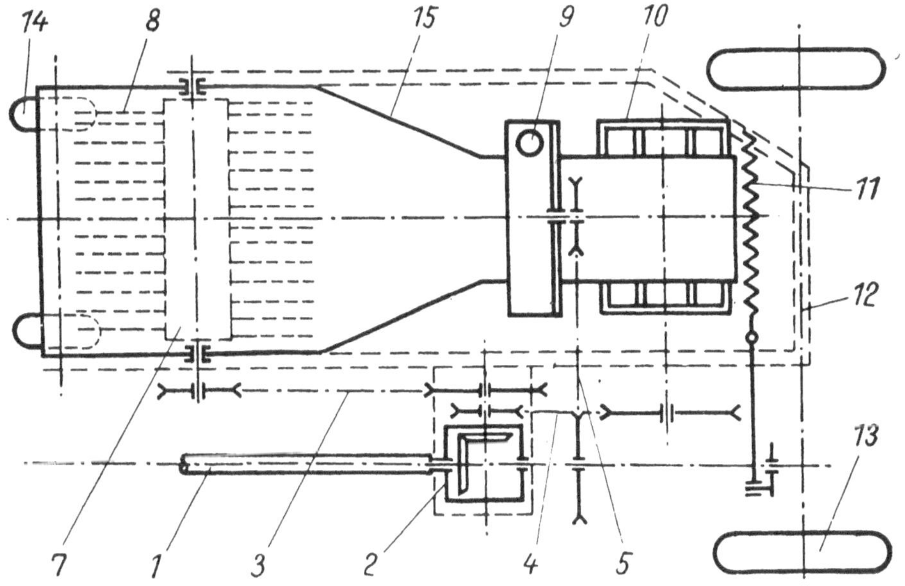

Abb. 2

wurde ein Bestand im Stadium der vollen Entwicklung von Blütenknospen bis zum Anfang der Blüte, wo der Blattertrag am höchsten ist, abgeerntet. Dieses Stadium ist zwar fortgeschrittener als das bei der Heißlufftrocknung angewandte; aber mit Rücksicht darauf, daß in die Trocknungsanlage nur Blätter zur Trocknung gelangen, bei denen der Nährstoff- und Rohfasergehalt während der Vegetationszeit fast unverändert bleibt, besteht keine Gefahr eines Überalterns des Bestandes.

Die beiden Prüfungen wurden mit einem Funktionsmodell der von uns entworfenen Maschine durchgeführt; das Modell war während der Prüfungszeit noch nicht mit einem Mähbalken ausgestattet. Aus diesem Grunde mußte man das Blätterpflücken und das Mähen der Stengel gesondert durchführen.

Als Zugmaschine für die Entblätterungsmaschine wurde der Schlepper Zetor Super (42 PS) angewendet. Die Fahrgeschwindigkeit beim zweiten Gang, bei der die Blätter von den Stengeln praktisch hundertprozentig abgepflückt werden, erwies sich als die geeignetste. Die ausgekämmten Blätter der Kleearten wurden durch Absaugen in einen angehängten Rollwagen befördert; dies ist ein großräumiger Wagen mit einem Aufsatz und angemessen dichtem Geflecht. Somit wurden Verluste durch Blasen vermieden.

Die blattlosen Stengel wurden am nächsten Tage in entgegengesetzter Richtung mit einer Grasmähmaschine geschnitten und auf dem Felde getrocknet.

Da kein geeigneter Trocknertyp vorhanden war, benutzten wir zur Trocknung der Blätter den Betriebs-Bandtrockner Templewood MK I. Diese Trockenanlage, die für die Trocknung von ganzen Futterpflanzen geeignet ist, ist für die Trocknung von Blättern nicht zweckmäßig, denn das Trockenband hat keine Rühr- oder Wendevorrichtung, die eine regelmäßige Trocknung von Blättern ermöglichen würde.

Pneumatische Trockner, Trommel- oder Mehrbandtrockner, die eventuell durch eine wirksame Rührvorrichtung ergänzt sind, sind geeignete Trocknertypen für die Trocknung von Blättern.

Zwecks Bewertung der einzelnen Erntemethoden mit Rücksicht auf den Nährstoffgehalt wurden von der fertiggetrockneten Masse Proben entnommen, und zwar bei dem beim dritten Schnitt durchgeführten Versuch. Die Ergebnisse der chemischen Analysen sind in der Tabelle 1 zusammengefaßt. Die Feststellung von stickstoffhaltigen Stoffen erfolgte nach der KJELDAHL-Methode [14], von Eiweiß nach KLIMEŠ'S Modifikation der BARNSTEIN-Methode [8], die der unverdaulichen N-Stoffe nach SJOLLEMA-WEDERMAYER [14], der Rohfaser nach HENNEBERG-STOHMANN [14] und des Karotins nach KLIMEŠ [9, 10].

Der Gesamtertrag an Masse, ausgedrückt in Trockensubstanz, betrug 19,01 dt/ha, der Blätterertrag 7,78 dt/ha; den Rest bilden die Stengel.

Wie aus der Tabelle 1 ersichtlich, ist der Nährstoffgehalt des künstlich getrockneten Luzernemehls wesentlich höher – wie übrigens zu erwarten ist–, als der des auf alte Weise zubereiteten Produktes, und zwar bei stickstoffhaltigen Stoffen um 52,38%, bei verdaulichem Eiweiß um 84,44%, bei Karotin um 135,30%; demgegenüber sinkt der Rohfasergehalt um 44,77%.

Tabelle 1. *Nährstoffgehalt des Luzernemehls*

Nährstoffe	Alte Art der künstlichen Trocknung	Vorgeschlagene Art	Die auf dem Feld getrockneten Stengel
Stickstoffhaltige Stoffe %	18,90	28,80	10,05
Eiweiß	15,30	25,20	6,81
Verdauliches Eiweiß	11,25	20,75	3,53
Karotin in mg	22,95	54,00	0,55
Rohfaser	23,63	13,05	30,56
Ausgedrückt bei 90 % Trockensubstanz			

Ferner wurde ein analoger Versuch mit gesonderter Blatternte beim Rotkleebestand durchgeführt; das Ergebnis war ähnlich wie bei dem Versuch mit Luzerne.

Nach Ergänzung der Maschine durch einen Mähbalken wurde der Versuch wiederholt; zum Unterschied vom früheren getrennten Auskämmen und nachträglichem Mähen der restlichen Stengel wurden beide Operationen auf einmal mit sehr gutem Erfolg durchgeführt.

Diskussion

Beim Vergleich der alten Erntemethoden und Trocknung von Kleearten nach dem neuen technologischen Vorgang zeigt sich bei dem letzteren eine ganze Reihe von Vorteilen. Der hohe Nährstoff- und Vitamingehalt bei niedrigem Rohfasergehalt macht aus dem Mehl ein Vitaminkonzentrat, das vom Gesichtspunkt der Ausgeglichenheit von Nährwert nur schwerlich Konkurrenz findet. Es ist ein vorzügliches Futtermittel vor allem für Geflügel, Schweine und Jungvieh.

Da wir nur hochwertige Blätter trocknen, sinkt der Brennstoffverbrauch ganz beträchtlich, was auch aus der angeschlossenen Tabelle 2 ersichtlich ist.

Tabelle 2. *Die bei gleichem Brennstoffverbrauch gewonnene Menge verdaulichen Eiweißes und Karotin*

Nährstoffe	Alte Methode	Blatt-Trocknung
Verdauliches Eiweiß (Index)	100,0	184,0
Karotin (Index)	100,0	235,3

Ein ernster Nachteil der bisherigen Heißlufttrocknung von ganzen Futterpflanzen, vor allem von Kleearten, war die Frage des Veralterns der Bestände, wodurch die Möglichkeit einer längeren Anwendung der Heißlufttrocknung ausgeschlossen ist. Dieser ernste Nachteil wird durch die vorgeschlagene Trocknung der Blätter allein beseitigt, denn die Blattqualität ändert sich nicht während der Futterpflanzen-Entwicklung. Die neue Methode verlängert die Zeit der künstlichen Trocknung bei jedem Schnitt von 7 auf 16 Tage, d. h. während des Jahres von 28 auf 64 Tage. Dieser Faktor, gemeinsam mit der Tatsache, daß ein Rohstoff von höherer Qualität getrocknet wird, erhöht wesentlich die Kapazität der Trocknungsanlagen bei Umrechnung auf die Gewichtsmenge der Nährstoffe, wie aus der Tabelle 3 ersichtlich ist.

Tabelle 3. *Kapazitäts-Steigerung der Trocknungsanlagen bei Umrechnung auf verdauliches Eiweiß und Karotin*

Nährstoffe	Alte Methode	Blatt-Trocknung
Verdauliches Eiweiß (Index)	100,0	546,8
Karotin (Index)	100,0	694,4

Da wir bei der vorgeschlagenen Methode nur Blätter, d. h. nur ein Drittel der Gesamtmasse trocknen, kann man begreiflicherweise Bestände von einer wesentlich größeren Fläche künstlich trocknen, unter Beibehaltung der bisherigen Anzahl der Trockenanlagen. Zur Ernte der restlichen Stengel kann hohe Mechanisierung zur Anwendung gelangen, denn es besteht praktisch keine Gefahr von Verlusten durch Abbröckeln. Wenn auch der Nährwert der Stengel verhältnismäßig niedrig ist (wie unökonomisch wäre deren künstliche Trocknung bei der alten bisherigen Methode), nähert sich der Nährwert der Stengel dennoch dem Heu minderer Qualität, welches oft bei der bisherigen Trocknungsmethode der Kleearten auf dem Felde erzeugt wird.

Zusammenfassung

Ein neuer technologischer Vorgang für die Ernte und Trocknung von Kleearten wurde vorgeschlagen; das Prinzip beruht darauf, daß die Blätter mit einer speziellen, von den Verfassern entworfenen Maschine von den Stengeln gesondert geerntet werden. Die Blätter werden in einer Heißluft-Trockenanlage, die Stengel auf dem Felde getrocknet. Der Vorteil dieser Methode beruht auf einer wesentlichen Kapazitätserhöhung der Trocknungsanlagen, die auf erzeugte Nährstoffe umgerechnet, ungefähr fünf- bis siebenmal höher ist, in einer Senkung des Brennstoffverbrauches (bis um 50⁰/₀) und in einer wesentlich höheren Qualität des Trockenproduktes (verdauliches Eiweiß 20,75⁰/₀, Karotin 54,00 mg⁰/₀, Rohfaser 13,05⁰/₀ bei einem Trockensubstanzgehalt von 90⁰/₀).

Literaturverzeichnis

[1] HAM, W. E , THYSDAL, H. M.: The Carotene Content of Alfalfa Strains and Hybrids with Different Degrees of Resistence to Leabhopper Injury. J. Amer. Soc. Agr. 38, 68.

[2] HARDISON. W.: Digestibility of the Bottom Portion of the Alfalfa Plant as Estimated from Small Ramdomby Collected Samples of Feces. J. Dairy Sci. 40, 768—72. 1957.

[3] HERZIG, J.. ŽAK, J.: Obsah živin ve vojtěšce různého staří. Sborník ČSAZV X, 185—89, 1935.

[4] KLIMEŠ. I.: Variace obsahu a výnosu karoténu ve vojtěšce během vegetace — I. sdělení, Sborník ČSAZV. ZV 543—558 1960.

[5] KLIMEŠ, I.; Ibid II sdělení. Sborník ČSAZV, ZV 627—38, 1960.

[6] KLIMEŠ, I.: Variace obsahu a výnosu dusíkatých látek, bílkovin a vlákniny ve vojtěšce během vegetace a jejich vzájemný vztah. Věd. práce ČSAZV, VUK 1961. Polnohospodárstvo VIII, 745—57, 1961.

[7] KLIMEŠ. I.: Vztah karoténu k dusíkatým látkám a vláknině ve vojtešce.

[8] KLIMEŠ, I.: Barnsteinova metoda stanovení bílkovin modifikovaná pro seriové rozbory Sborník ČSAV Z ZV 3, 203—12, 1958.
[9] KLIMEŠ, I.: Vyloučení ztrát karoténu při chromatografické isolaci na kysličniku hlinitém. Sborník ČSAZV ZV 3, 693 - 706 1958.
[10] KLIMEŠ, I.: Rychlà metoda pro seriovè stanovení karoténu v zelených i silážovaných pícninách v seně a zelenině. Vědecké práce ČSAZV VUK 145—70, 1957.
[11] KLIMEŠ, I.: VÉROSTA, B.: Novy způsob sklizně a sušení jetelovin. Vědecké práce ČSAZV VÚK 1961.
[12] KLIMEŠ, I.: VÉROSTA, B.: ČSSR Pat. No. 95499, 21. 1. 1959.
[13] KLIMEŠ. I.: VÉROSTA, B.: ČSSR Pat. No. 100845, 13. 10. 1959.
[14] SINE: Metody chemických rozborů. Praha 1951.
[15] THOMPSON, C. R.: The Carotene Content of Several Varieties and Strains of Alfalfa, Agr. J. 41 294—7, 1949.
[16] ZACHARČENKO, I. M.: Ref Popandopulo P. CH. Vitaminnyj Sostav kormov. Gos. Izd. Selsk. lit, Moskva 1941.
[17] ŽURAVLJEV, E. M.: Trudy Vses. konfer. po vitaminam. M. L. 1940.

Eingegangen am 2. 5. 1961

Aus der Forschungsstelle für Tierhaltung Knau der Deutschen Akademie der Landwirtschaftswissenschaften zu Berlin
(Leiter: Dr. habil. K. SCHOLZ)

O. SIEGL

Ergebnisse eines Fütterungsversuches mit Lysin in der Schweinemast

Seit einigen Jahren werden Versuche über die Ergänzung von Futtergemischen mit technisch hergestellten Aminosäuren durchgeführt. Vorwiegend wurden diese Untersuchungen auf den Bedarf an der essentiellen Aminosäure *Lysin* und z. T. auch Methionin ausgerichtet. So konnte MERTZ feststellen, daß Lysin für das Wachstum bei Schweinen unentbehrlich ist. Zur Gewährleistung eines optimalen Wachstums abgesetzter Ferkel wurden vom National Research Council folgende Bedarfszahlen an essentiellen Aminosäuren angegeben:

	Bedarf in % der Ration von Schweinen zwischen 10 und 30 kg
L-Arginin	0,20
L-Histidin	0,15
L-Isoleucin	0,70
L-Leucin	0,80
L-Lysin	1,00
DL-Methionin	0,60 *)
DL-Phenylalanin	0,46
L-Threonin	0,40
DL-Tryptophan	0,20
L-Valin	0,40

*) Cystin kann hiervon etwa die Hälfte ersetzen.

In weiteren Untersuchungen konnte jedoch experimentell nachgewiesen werden, daß der effektive Lysinbedarf wesentlich unter 1% liegen kann. Nach BRINEGAR [3] sowie BECKER wird für optimales Wachstum ein Lysinanteil von 0,6 bis 0,7% der Gesamtration als ausreichend betrachtet. MEADE untersuchte an 32 kg schweren Schweinen, die eine Ration mit 15,9% Rohprotein erhielten, den Erfolg einer mengenmäßig unterschiedlichen Lysinzufuhr. Ein Lysingehalt von 0,69% in der Ration wurde als ausreichend für den ungestörten Stickstoffumsatz gefunden, während eine weitere Lysinergänzung ohne Erfolg blieb.

GERMANN, MERTZ und BEESON [4] prüften 6 verschiedene Lysingaben und zwar 0,4 bis 1,0% der Gesamtration. Nach den varianzanalytischen Ergebnissen erzielte die Gruppe mit 0,40% Lysin in der Ration signifikant niedrigere Leistungen, wahrscheinlich auch als Folge der gegenüber den anderen Gruppen gesichert niedrigeren Futteraufnahme. Auch die Gruppe mit 0,50% Lysin war den übrigen sowohl im Futterverzehr wie in ihren Leistungen noch unterlegen. Zwischen den übrigen 4 Ergänzungsgruppen (0,60 bis 1,00%) bestanden nur unwesentliche Unterschiede.

Nach diesen Versuchsergebnissen beziffert sich der Lysinbedarf auf durchschnittlich 4,7% des Gesamtproteins bzw. 5,1% des verdaulichen Rohproteins der Ration.

Nach ABERNATHY, SEWELL und TARPLEY [1] bestehen enge Beziehungen zwischen einigen Aminosäuren und der Energiemenge der Ration, nachdem ROSENBERG und CULIK diese Zusammenhänge an Ratten nachweisen konnten. In diesen Untersuchungen kam zum Ausdruck, daß durch Lysinergänzung eine verminderte Futteraufnahme von solchen Rationen eintritt, die nicht durch Fettzusatz in ihrem Energiewert angereichert waren. Die Futterausnutzung verbesserte sich progressiv mit zunehmendem Energiegehalt der Ration. Die an lebenden Tieren vorgenommenen Rückenspeckmessungen ergaben keine signifikanten Differenzen.

ACKER, CATRON und HAYS [2] sehen die Wirksamkeit verschiedener Aminosäuren stets in Verbindung mit allen anderen Komponenten (Proteinmenge, Vitamine, Wirkstoffe). Sie prüften, ob eine Getreide-Soja-Ration mit 12 bzw. 14% Rohproteingehalt durch Zusatz von Lysin bzw. Methionin zu höheren Mastresultaten führt. Die Versuchsgruppe mit 14% Protein wies gegenüber derselben mit 12% signifikant höhere Tageszunahmen sowie eine bessere Futterverwertung auf. Während in den Gruppen mit 12% Rohprotein durch Lysinzusätze Leistungssteigerungen zu verzeichnen waren, sprachen die Tiere in der Gruppe mit 14% Rohprotein nur unwesentlich auf eine Lysin-Ergänzung an. Es wird erwartet, daß in den letzteren Rationen bereits ein Anteil von mindestens 0,6% Lysin enthalten ist.

ACKER, CATRON und HAYS [2] betrachten ebenfalls die Schmackhaftigkeit des Ergänzungslysins als einen wichtigen Faktor in seinem Einfluß auf Zunahme und Futterumwandlungsquote. Dieses deutet darauf hin, daß man bemüht sein muß, mit Mindestmengen an Lysin bei Ergänzungsversuchen auszukommen.

Die in diesen Versuchen geprüfte Ergänzung mit Methionin übte auf Zuwachs und Futterverwertung keinen fördernden Einfluß aus, wobei die Resultate mit den Ergebnissen von SEWELL übereinstimmten.

Während diese Versuche in allen Fällen auf einheitlichen Futterrationen aufbauten und auf dieser gleichen Ausgangsbasis der Erfolg einer *Ergänzung* durch Lysin getestet wurde, sollte hier die Möglichkeit geprüft werden, *Eiweißfutter insbesondere tierischer Herkunft durch Zugabe von Lysin einzusparen.* Die hierfür erforderlche Lysin-Menge wurde uns von der Fa. Pfizer, G. m. b. H., Karlsruhe, in dankenswerter Weise zur Verfügung gestellt.

Versuchsdurchführung

Der *Versuch I* wurde mit einer Getreide-Kleie-Sojaextraktionsschrot-Ration nach Ergänzung mit Lysin durchgeführt. Die 12 Tiere der Rasse DwE waren in 2 Gruppen abstammungs-, geschlechts- und entwicklungsmäßig einheitlich verteilt, wogen bei Versuchsbeginn durchschnittlich 45 kg und blieben bis zum individuellen Erreichen der 115 kg-Grenze im Versuch. Anschließend wurden sie nach der für die Mastleistungsprüfungen gültigen Methode versuchsmäßig ausgeschlachtet.

Die *Fütterung* der Versuchstiere erfolgte mit nachstehenden Gemischen bis zur Sättigung (Tab. 1):

Tabelle 1

	Versuchsgruppe		Vergleichsgruppe	
	bis 70 kg	70–110 kg	bis 70 kg	70–110 kg
Gesstenschrot	54 %	42 %	49 %	40 %
Weizenschrot	40 %	39 %	40 %	39 %
Roggenkleie	—	15 %	—	15 %
Sojaextraktionsschrot	5 %	3 %	—	—
Eiweißkonzentrat	—	—	10 %	5 %
Mineralstoffe	1 %	1 %	1 %	1 %
In 1 kg v.R.	104,7 g	101 g	126,7 g	111,9 g
G.N.	723,4 g	712,6 g	718,6 g	723,9 g

Die Vergleichsgruppe erhielt ein normal zusammengesetztes Futtergemisch, das je nach dem Gewicht 10 bzw. 5% Eiweißkonzentrat, bestehend aus je etwa der Hälfte Sojaextraktionsschrot und Fischmehl, beinhaltete. In der Mischung für die Versuchsgruppe fehlte jeglicher Anteil an tierischem Eiweiß, was durch Zusatz von Lysin auszugleichen versucht wurde. Bei einem Rohproteingehalt der Ration von z. B. 16% betrug der Lysinbedarf 0,67–0,75% in der Gesamtration. Um annähernd diesen Wert zu erreichen, führten wir zu dem o. a. Futtergemisch der Versuchsgruppe zusätzlich 0,3% Lysin zu. Bei den in der Anfangsmast täglich verzehrten Futtermengen von ca. 1,5 kg verabreichten wir also zusätzlich je Tier/Tag 4,5 g Lysin. Eine Änderung der Dosis im Laufe der Mast wurde nicht vorgenommen, weil mit steigendem Futterverzehr auch der prozentuale Anteil an Lysin sinkt und damit dem Bedarf von Schweinen verschiedenen Gewichtes entsprechen dürfte. Unter Heranziehung von Tabellenwerten für den *Lysingehalt* der *in den Rationen* verwendeten Futtermittel einschließlich der angeführten Ergänzungsmenge betrug die tägliche Lysingabe je Tier in der Anfangsmast 0,67% in der Versuchs- bzw. 0,70% in der Kontrollgruppe, in der Endmast übereinstimmend für beide Gruppen 0,40% der insgesamt aufgenommenen Futtermenge.

Zur Karotinversorgung erhielten beide Gruppen je Tier täglich einheitlich 50 g Luzernegrünmehl.

Alle Tiere bekamen vor der zweimal täglichen Fütterung Wasser zur beliebigen Aufnahme und anschließend das Futtergemisch feuchtkrümelig verabreicht.

Im *Versuch II* sollte noch ein Schritt weitergegangen werden mit dem Ziel zu prüfen, ob ohne Verwendung jeglichen Eiweißfutters, also auch ohne Sojaextraktionsschrot, durch Beigabe von Lysin zu einer Getreide-Kleie-Ration noch befriedigende Mast- und Ausschlachtungsergebnisse erzielt werden. Der ebenfalls mit 12 Tieren der Rasse Deutsches weißes Edelschwein nach den bekannten Grundsätzen durchgeführte Versuch wurde bei einem Gewicht von durchschnittlich 33 kg begonnen und endete ebenfalls bei durchschnittlich 115 kg mit anschließender versuchsmäßiger Ausschlachtung.

Die *Zusammensetzung des Futtergemisches* wurde hier nach 3 Gewichtsabschnitten gestaffelt (Tab. 2).

Tabelle 2

	Versuchsgruppe			Vergleichsgruppe		
	bis 50 kg	50–70 kg	70–115 kg	bis 50 kg	50–70 kg	70–115 kg
Gerstenschrot	69 %	64 %	59 %	57 %	55 %	54 %
Weizenschrot	20 %	20 %	20 %	20 %	20 %	20 %
Roggenkleie	10 %	15 %	20 %	10 %	15 %	20 %
Eiweißkonzentrat	—	—	—	12 %	9 %	5 %
Mineralstoffe	1 %	1 %	1 %	1 %	1 %	1 %
in 1 kg v.R.	85,7 g	86,8 g	87,8 g	132,1 g	121,6 g	107,2 g
G.N.	698,1 g	695,1 g	692,1 g	695,2 g	692,9 g	690,9 g

Die Versuchsgruppe erhielt hier also das Getreideschrot-Kleie-Gemisch weder durch tierisches, noch pflanzliches Eiweiß ergänzt, sie bekam dafür wie in Versuch I täglich 4,5 g Lysin je Tier zugeführt. Für die Vergleichsgruppe war auch hier die Mischung optimal zusammengesetzt, wobei der Lysinanteil in % des Gesamtfutters demjenigen in Versuch I ähnlich lag. Demgegenüber erhielt die Ergänzungsgruppe in diesem Versuch bei Mastbeginn 0,56%, im mittleren Abschnitt 0,46% und bei höherem Gewicht 0,44% des Gesamtfutters an Lysin zugeführt. Wie die Versuchsergebnisse bewiesen, dürfte dieser Anteil dem Bedarf nicht voll entsprochen haben. Versuchs- wie Kontrolltiere erhielten ebenfalls zusätzlich 50 g Grünmehl je Tier täglich zugeführt. Die Fütterungstechnik war die gleiche wie in Versuch I.

Mastergebnisse

Beide Versuche verliefen weitgehend störungslos, jedoch wurde aus dem mit 14 Tieren begonnenen Versuch II je ein Schwein aus der Versuchs- und Vergleichsgruppe wegen Krankheitserscheinungen ausgeschieden. Die übrigen Tiere wurden bis zum angeführten Endgewicht geprüft.

Im Versuch I wurden folgende Mastleistungen erzielt (Tab. 3).

Die *tägliche Futterverzehrsquote* scheint hier von besonderem Einfluß zu sein. Im Durchschnitt des Gesamtversuches nahm die Versuchsgruppe täglich 0,3 kg je Tier weniger Futtergemisch auf als die Vergleichsgruppe. Diese Differenzen lagen im Abschnitt von 45–70 kg bei 0,2 kg, im Abschnitt von 70–115 kg bei 0,4 kg. Es scheint also, daß die Schmackhaftigkeit der anstelle von tierischem Eiweiß mit Lysin angereicherten Versuchsmischung den Tieren nicht zusagte, und auch eine Gewöhnung der Schweine bei höherem Gewicht ausblieb. Das dürfte als nachteilig zu bezeichnen sein, da die gleiche Tendenz auch in Versuch II zum Ausdruck kommt. Dieser niedrigere Tagesfutterverzehr führte über für beide Gruppen gleiche *Futterverwertungszahlen* zu einem im Durchschnitt um 76 g = ca. 10% signifikant (P 0,001) niedrigeren *Tageszuwachs* bei der Versuchsgruppe. Es ist also aufschlußreich, daß die Futterausnutzung im wesentlichen nicht voneinander abweicht, auch wenn bei der getrennten Betrachtung der beiden Versuchsabschnitte geringe Differenzen erkennbar sind. Sehen wir die

Tabelle 3

Ohr-Nr.	Versuchsgruppe 7/2	7/3	7/7	8/6	8/9	8/1	Vergleichsgruppe 7/1	7/4	7/8	8/10	8/3	8/8
Gewicht bei Versuchsbeginn kg	44,5	45,0	43,0	51,0	41,0	44,5	44,0	44,0	54,0	43,0	44,0	41,0
Ø			44,8						45,0			
Gewicht bei Versuchsende kg	113,0	116,0	115,0	114,5	115,0	115,5	124,5	116,5	113,5	119,0	114,0	113,5
Ø			114,8						115,2			
Tageszunahme g	761	703	713	894	733	845	958	755	960	792	833	806
Ø			766						842			
Ø Verbrauch je 1 kg Zuwachs												
Trockenfutter kg			3,87						3,89			
v.R. g			396,8						460,3			
G.N. g			2774,8						2807,2			
Ø Futterverzehr je Tier/Tag kg			2,97						3,27			
Gewichtsabschnitt von Ø 45—70 kg:												
Tageszunahme g			827						906			
Ø Verbrauch je 1 kg Zuwachs												
Trockenfutter kg			3,47						3,35			
v.R. g			363,3						424,4			
G.N. g			2510,2						2407,3			
Gewichtsabschnitt von Ø 70—115 kg:												
Tageszunahme g			719						785			
Ø Verbrauch je 1 kg Zuwachs												
Trockenfutter kg			4,23						4,44			
v.R. g			427,2						496,8			
G.N. g			3014,3						3214,1			

Tabelle 4

Ohr-Nr.	Versuchsgruppe							Vergleichsgruppe						
	141/11	141/14	141/18	141/21	142/12	142/14	142/21	141/12	141/15	141/17	141/19	141/20	142/11	142/15
Gewicht bei Versuchsbeginn kg	32,5	34,5	40,0	35,5	34,0	28,0	29,0	41,0	36,0	34,0	35,0	·31,0	27,5	29,0
Ø kg			33,4							33,4				
Gewicht bei Versuchsende kg	113,5	114,5	116,5	116,5	115,5	106,0	50,5 *)	119,0	114,5	41,0*)	114,5	113,5	113,5	114,0
Ø kg			113,8							114,8				
Tageszunahme g	551	630	602	488	608	470	295	830	618	350	626	497	515	612
Ø g			531							591				
Ø Verbrauch je 1 kg Zuwachs														
Trockenfutter kg			4,09							3,85				
v.R. g			355,9							443,6				
G.N. g			2840,4							2665,7				
Ø Futterverzehr je Tier/Tag kg			2,17							2,28				
Gewichtsabschnitt von Ø 33—50 kg														
Tageszunahme g			554							665				
Ø Verbrauch je 1 kg Zuwachs														
Trockenfutter kg			3,39							2,79				
v.R. g			290,5							368,5				
G.N. g			2366,5							1939,6				
Gewichtsabschnitt von Ø 50—70 kg														
Tageszunahme g			521							533				
Ø Verbrauch je 1 kg Zuwachs														
Trockenfutter kg			4,41							4,37				
v.R. g			382,8							531,4				
G.N. g			3065,4							3028,0				
Gewichtsabschnitt von Ø 70—115 kg														
Tageszunahme g			522							582				
Ø Verbrauch je 1 kg Zuwachs														
Trockenfutter kg			4,40							4,19				
v.R. g			386,3							449,2				
G.N. g			3045,2							2894,9				

*) mit diesem Gewicht ausgeschieden.

Tageszunahmen in Verbindung mit dem täglichen Futterverzehr, also die tatsächliche Futterumsatzquote, so ist festzustellen, daß je kg verzehrten Futtergemisches die Versuchsgruppe 258 g, die Vergleichgruppe 257 g ⌀ Tageszuwachs erreichte.

Der *Versuch II,* in dem der Versuchsgruppe das gesamte Eiweißbeifutter, also auch das Sojaextraktionsschrot, vorenthalten wurde, lag *in ihren Ergebnissen* - besonders hinsichtlich Tageszunahmen – *etwas ungünstiger* (Tab. 4).

Gehen wir bei der Deutung des Versuchsergebnisses wieder von der täglich verzehrten Futtermenge aus, so wiederholt sich die gleiche Tendenz, wonach die Tiere der Versuchsgruppe im Durchschnitt 0,2 kg Futtergemisch täglich weniger als die der Vergleichsgruppe aufnahmen. Da der Versuch I bei 45 kg, der Versuch II jedoch schon bei 33 kg Gruppendurchschnittsgewicht begann, liegen die letzteren Tagesverzehrswerte im ⌀ des Gesamtversuches naturgemäß niedriger. Die durchschnittliche *Tageszunahme* ist hier gegenüber Versuch I insgesamt geringer, was ebenfalls z. T. mit auf den früheren Versuchsbeginn zurückzuführen ist. In den Zunahmen je Tag des Gesamtversuches ist hier die Versuchsgruppe mit 60 g = ca. 10% der Vergleichsgruppe signifikant ($P < 0{,}001$) unterlegen.

Hinzu kommt in diesem Versuch der um 0,24 kg = ca. 6% je 1 kg Zuwachs höher liegende *Trockenfutter-* bzw. um ebenfalls 6% höhere *Gesamtnährstoffverbrauch* der Versuchs- gegenüber der Vergleichsgruppe. Auch diese Differenz ist mit $P < 0{,}001$ gesichert. Je 1 kg aufgenommenen Futters erzeugte die Versuchsgruppe 245 g, die Vergleichsgruppe 268 g Zuwachs, worin sich also auch die unterschiedliche Futterverwertung wiederspiegelt.

Aus den Resultaten beider Versuche läßt sich entnehmen, daß ein ausschließliches Getreide-Kleie-Gemisch durch Lysin ergänzt von den Tieren nur zögernd aufgenommen wird, auch dann, wenn das Gemisch noch einen Anteil an Sojaextraktionsschrot enthält. Diese Tatsache dürfte für die in beiden Versuchen um ca. 10% niedrigeren Tageszunahmen der Lysingruppen verantwortlich sein. Andererseits erbrachte gegenüber der Normalfütterung ein Getreide-Kleie-Sojaextraktionsschrot-Gemisch, durch Lysin ergänzt, gegenüber der vollwertigen Ration keine Abweichung in der Futterumwandlungsquote, während ein Fehlen an Sojaextraktionsschrot bei unveränderter Lysinergänzung zu einer signifikant ungünstigeren Futterverwertung führte.

Ausschlachtungsergebnisse

Wie schon ausgeführt, wurden alle Tiere nach Erreichen ihres Mastendgewichtes von ⌀ 115 kg nach der Methode der MLP ausgeschlachtet, um einen Einblick in die *Schlachtkörperzusammensetzung* der mit so unterschiedlichem Eiweißanteil gefütterten Schweine zu erhalten. Es sei noch betont, daß alle zur Ausschlachtung gekommenen 24 Tiere aus unserer typmäßig sehr ausgeglichenen Herde stammen und nur Wurfgeschwister, als weitgehend erbgleiches Material, gegenübergestellt werden konnten.

In der nachfolgenden Übersicht sind die wichtigsten Schlachtmerkmale wiedergegeben (Tab. 5):

Tabelle 5

	Versuch I		Versuch II	
	Versuchsgruppe	Vergleichsgruppe	Versuchsgruppe	Vergleichsgruppe
∅ Schlachtlänge	94,3 cm	93,2 cm	96,6 cm	98,5 cm
∅ Kotelettlänge	83,7 cm	83,6 cm	86,4 cm	89,4 cm
∅ Rückenspeckdicke	3,8 cm	4,1 cm	3,6 cm	3,5 cm
∅ Bauchdicke	4,9 cm	4,8 cm	4,7 cm	4,8 cm
∅ *prozentualer Anteil*				
Kotelett	20,1 %	19,6 %	19,5 %	21,4 %
Schinken	19,5 %	19,5 %	18,7 %	19,8 %
Rückenspeck	15,2 %	16,5 %	16,4 %	14,4 %
Flomen	3,5 %	3,1 %	3,3 %	2,9 %
∅ Kotelettmuskelfläche	28,1 cm^2	26,8 cm^2	26,7 cm^2	31,5 cm^2
∅ Schinkenauflagefett	2,2 kg	2,4 kg	2,0 kg	1,9 kg
∅ Gesamtfettgehalt	35,7 %	42,7 %	37,8 %	32,0 %
∅ Knochengewicht	9,5 kg	10,0 kg	10,3 kg	10,6 kg
Lendenfleisch				
Wassergehalt	71,2 %	76,1 %	74,9 %	74,3 %
Rohproteingehalt	22,4 %	19,2 %	13,0 %	17,9 %
Fettgehalt	5,3 %	3,8 %	11,1 %	6,8 %
Mineralstoffgehalt	1,1 %	0,9 %	1,0 %	1,0 %
Lendenspeck				
Wassergehalt	6,3 %	6,0 %	6,0 %	6,4 %
Fettgehalt	92,3 %	92,8 %	92,3 %	91,9 %
Bindegewebeanteil	1,4 %	1,2 %	1,7 %	1,7 %
Jodzahl	58,4	58,2	59,5	60,8

Die Charakterisierung der Resultate kann nur getrennt für die beiden Versuche vorgenommen werden.

Die *Schlachtergebnisse der Lysingruppe* aus dem Versuch I sind als außerordentlich befriedigend anzusehen. Sie war in der Fleischausbeute der Vergleichsgruppe überlegen. Neben dem geringfügig höheren Kotelettanteil drückt sich dieses besonders in der um durchschnittlich 1,3 cm^2 signifikant ($P < 0{,}001$) größeren Kotelettmuskelfläche aus. Demgegenüber lagen die Rückenspeckdicke um 0,3 cm, der Rückenspeckanteil um 1,5% und der Gesamtfettgehalt um 7% (in allen Fällen mit $P < 0{,}001$ gesichert) niedriger. Während die analytischen Ergebnisse des Lendenspeckes einschließlich der Jodzahl nur unwesentliche Abweichungen zeigten, wies die Lysingruppe im Lendenfleisch einen um ca. 5% niedrigeren Wassergehalt, einen um ca. 3% höheren Rohproteingehalt, allerdings auch einen um 1,5% höheren Fettgehalt auf. Diese Differenzen können ebenfalls mit $P < 0{,}001$ als signifikant angesehen werden. Dieser im Durchschnitt höhere Verfettungsgrad der Vergleichsgruppe kann nur zu einem Teil auf ihre um ⌀ 76 g höhere Tageszunahme gegenüber der Lysingruppe zurückgeführt werden. Dieses Ergebnis scheint aber zumindest anzudeuten, daß ein Futtergemisch völlig ohne einen Anteil an Eiweiß tierischer Herkunft durch Ergänzung mit Lysin die Erzielung eines fleischreichen Schweines gewährleisten könnte. Weitere Untersuchungen erscheinen hier notwendig.

Demgegenüber liegen die *Ausschlachtungsergebnisse der Lysintiere aus Versuch II* äußerst ungünstig. Die Verfettung dieser Tiere war trotz der relativ nur mittleren Tageszunahmen derart ausgeprägt, das diese Fütterungsmethode im Hinblick auf die Qualitätserzeugung keine Bedeutung erlangen dürfte. Die Tiere der Versuchsgruppe wiesen einen um ca. 2% niedrigeren Kotelettanteil, ca. 1% geringeren Schinkenanteil und insgesamt eine um etwa 5 cm^2 kleinere Kotelettmuskelfläche auf. Die Differenzen waren mit $P < 0{,}001$ gesichert. Dafür waren bei nur unwesentlich stärkerer Rückenspeckdicke ein um 2% größerer Rückenspeck- bzw. 0,4% höherer Flomenanteil und ein nahezu 6% höherer Gesamtfettgehalt bei den Lysintieren gegenüber der Vergleichsgruppe festzustellen. Selbst im Lendenfleisch ergab die Analyse einen um 5% geringeren Rohprotein- bei einem um ca. 5% höheren Fettgehalt, während der Wassergehalt im Fleisch zwischen diesen beiden Fütterungsgruppen nur unwesentliche Abweichungen zeigte. Eine hohe Signifikanz dieser angeführten Merkmale mit $P < 0{,}001$ liegt hier ebenfalls vor.

Schlußfolgerungen

Die Kenntnis des Bedarfes an verschiedenen Aminosäuren bei Schweinen unterschiedlichen Alters sowie des Gehaltes an Aminosäuren in den wichtigsten Futtermitteln wird künftig die Zusammenstellung von Futterrationen entscheidend beeinflussen.

Durch die technische Herstellung von z. B. Lysin ist die Möglichkeit der Aufwertung bestimmter Futterstoffe gegeben. Darin dürfte auch eine Chance liegen, den gegenwärtigen Mangel an Eiweiß tierischer Herkunft in der Schweinefütterung auf eigener Basis wirkungsvoll zu mindern. Dies trifft besonders für die Mast zu. Betriebswirtschaftlich gesehen ist für den Einsatz von Aminosäuren ihr Preis mit ausschlaggebend. Bei Vorhandensein von tierischem, also vollwertigem Eiweißfutter, wird sich die Anwendung von Aminosäuren nur dann durchsetzen, wenn bei gleicher Mastdauer die Futterkosten je 1 kg Zuwachs gleich liegen oder vermindert werden können. Fehlt es an tierischem Eiweiß in den Rationen, so liegen gegenüber der Normalfütterung Zunahmen und Futterverwertung um ⌀ 30–50% ungünstiger. Durch Einsatz von Lysin in den hier geprüften Dosen könnte der GE-Aufwand je dt Zuwachs auf etwa 4 reduziert werden, wodurch der ökonomische Erfolg dieser Ergänzungsform selbst bei höheren Herstellungspreisen volks- und betriebswirtschaftlich gerechtfertigt ist.

Zusammenfassung

In 2 Versuchen mit insgesamt 24 Tieren der Rasse Deutsches weißes Edelschwein wurde bei Getreidemast zwischen 33 bzw. 45 und 115 kg die Möglichkeit geprüft, anstelle von tierischem Eiweiß bzw. Eiweißbeifutter insgesamt die Futtergemische durch Lysin (4,5 g/Tier/Tag) zu ergänzen. Bei den gegenübergestellten Wurfgeschwistern zeigten sich folgende Ergebnisse:

1. Mit einer Getreide-Kleie-Sojaextraktionsschrot-Ration ohne tierisches Eiweiß wurden durch Ergänzung mit Lysin Tageszunahmen von Ø 766 g erzielt, die um 10% unter denen der Vergleichsgruppe lagen. Die Futterverwertung je Erzeugungseinheit war bei Versuchs- und Kontrollgruppe gleich. Die Schlachtergebnisse der Lysingruppe waren durch einen höheren Fleischansatz, die der Kontrollgruppe durch stärkere Fettbildung gekennzeichnet.

2. Eine Getreide-Kleie-Ration ohne tierisches und pflanzliches Eiweißbeifutter erbrachte durch Lysinergänzung Tageszunahmen von 531 g, ebenfalls um 10% niedriger als bei der Vergleichsgruppe. Allerdings war hier der Gesamtnährstoffaufwand je 1 kg Zuwachs gegenüber der Normalgruppe um 6% ungünstiger. Die Lysin-Tiere dieses Versuches waren stark verfettet, so daß diese Methode im Hinblick auf die Qualitätserzeugung keine Bedeutung gewinnen dürfte.

3. Alle angeführten Differenzen in der Mast- und Schlachtleistung waren hoch signifikant.

4. Die Tagesfutterverzehrwerte der Lysingruppen lagen in beiden Versuchen unter denen der Vergleichsgruppen. Daraus dürfte zu schließen sein, daß die Schmackhaftigkeit des Präparates zur Erhöhung der Futterumsatzquote verbessert werden muß.

Literaturverzeichnis

1 ABERNATHY, R. P., R. F. SEWELL and R. L. TARPLEY: Interrelationships of Protein, Lysine and Energy in Diets for Growing Swine. Journal of Animal Science, 17, S. 635.

2 ACKER, D. C., D. V. CATRON and V. W. HAYS: Lysine and Methionine Supplementation of Cornsoybean Oil Meal Rations for Pigs in drylot. Journal of Animal Science, 18, S. 1053.

3 BRINEGAR, M. J., H. H. WILLIAMS, F. H. FERRIS, J. K. LOOSLI and L. A. MAYNARD: The Lysine Requirement for the Growth of Swine. J. Nutr. 42: 129.

4 GERMANN, A. F. O., E. T. MERTZ and W. M. BEESON: Revaluation of the L-Lysine Requirement of the Weanling Pig. Journal of Animal Science, 17, S. 52.

5 RUSSELL, W. C., M. W. TAYLOR and J. M. HOGAN: Effect of Excess Essential Amino Acids on Growth of the White Rat. Arch. Biochem. 39 : 249.

6 SEWELL, R. F. and B. C. KEEN: Methionine and Antibiotic Supplementation for Growing Swine at three Protein Levels. Journal of Animal Science, 17 : 353.

7 WARD, G. W., D. E. BECKER, H. W. NORTON, S. W. TERRILL and A. H. JENSEN: The Lysine Requirement of Weanling Swine at Two Levels of Dietary Protein. Journal of Animal Science, 18 S. 1059.

Eingegangen am 17. 5. 1961

Aus dem Institut für Tierernährung der Friedrich-Schiller-Universität Jena
(Direktor: Prof. Dr. A. WERNER †)

KURT GRUHN

Der Aminosäuregehalt verschiedener Weidepflanzen in Abhängigkeit vom Weideumtrieb

Einleitung

Junge Weidepflanzen sind in der Regel eiweißreiche, gut verdauliche Futtermittel, die, bezogen auf Trockensubstanz, Kraftfutterwert besitzen. Der gute Futterwert beruht auf der hohen Verdaulichkeit der organischen Substanz, die letztlich durch den relativ geringen Rohfasergehalt bedingt wird. Der Eiweißwert des Futters ist für die Wiederkäuer von geringerer Bedeutung als für die Tiere mit einhöhligem Magen (COLUMBUS [7], HENNIG [17]) oder für das Geflügel, da 60–70% des nativen Futtereiweißes im Pansen zu Ammoniak abgebaut werden. MITCHELL [41] führt deshalb an, daß die Aminosäuregarnitur der Futterration für die praktische Rinderfütterung ohne Bedeutung sei. CHALMERS und SYNGE [5] konnten beim Abbau des Eiweißes verschiedener Futtermittel im Pansen deutliche Unterschiede feststellen. Auch von seiten unseres Institutes wurde bei einer Auswertung der in Möckern durchgeführten Versuche auf das Vorliegen von Unterschieden in der N-Retention hingewiesen (WERNER und HENNIG [65]).

Bei laktierenden Wiederkäuern hat bei üblichen Rationen der Anteil der Aminosäure Lysin nach GORBATSCHEWA [10] einen Einfluß auf die Milchleistung der Tiere. Er kann deshalb als Kriterium für die Biologische Wertigkeit der Ration verwandt werden. Die Versuchsergebnisse von MORRIS und RAY [42] und KUGENEW [25, 28] bestätigen diese Befunde. LINTZEL [27] benutzt den Lysingehalt zur Einteilung der Eiweißstoffe in Erhaltungs- und Leistungseiweiß.

Lysin ist im Stoffwechsel eine sehr reaktionsträge Aminosäure [56, 63], und ihre Umwandlung in andere Aminosäuren sowie ihr Aufbau aus einer Capronsäure ist kaum möglich. Aber auch andere Aminosäuren, wie z. B. Methionin, das den tierischen Organismus mit Schwefel, der in verschiedenen Bindungsformen vorliegt, versorgt, oder das Tryptophan, das bei der Albuminsynthese, also der Synthese des Hämoglobins und des Blut- und Milchalbumins eine Rolle spielt, sollten in ausreichendem Maße im Rohprotein der Weidepflanzen enthalten sein.

Zusammenfassende Darstellungen über die Bedeutung der Aminosäuren in der Tierernährung sind kürzlich in russischer Sprache von POPOW [51] und in tschechischer Sprache von ŽENIŠEK und MÜLLER [70] erschienen.

Da eine Untersuchung der Pflanzenpopulation der Weide auf Aminosäuren fehlte und um eine Grundlage für weitere Tierversuche in unserem Institut zu schaffen, wurden Aminosäurebestimmungen durchgeführt. Es wurde deshalb in der vorliegenden Arbeit untersucht, wie hoch der Aminosäurespiegel einzelner Pflanzen ist und ob Unterschiede im Eiweißwert zwischen den Weideumtrieben bestehen. Wir kennen bereits einige Faktoren bzw. deren Auswirkungen, die den Eiweißwert der Futterpflanzen zugunsten oder ungunsten des Nutztieres verändern. Einen entscheidenden Einfluß auf den essentiellen Aminosäurespiegel übt nach Untersuchungen von WERNER und GRUHN [64] das Vegetationsstadium der Grünfutterpflanzen aus. Aber auch die Düngung [58], der Ernährungszustand [66] und die Erntemaßnahmen [38] sind von nicht zu unterschätzender Bedeutung für die Qualität des Futtereiweißes. Auch die Art und Technik der Konservierung können Verluste an Eiweißbausteinen bedingen [19, 24, 37]. Dagegen ist nach unseren Versuchsergebnissen kaum anzunehmen, daß die Bodenart die essentielle Aminosäuregarnitur der Futterpflanzen beeinflußt (GRUHN [16]).

Die im Auf- und Abbau befindlichen Eiweiße bzw. Aminosäuren der Weidepflanzen werden vor allem durch die Menge an freien Aminosäuren charakterisiert.

Beiträge über die freien Aminosäuren liegen von MANSFORD und RAPER [34] und KNAPP und LINSKENS [21] vor. Die Verteilung und Menge dieser freien Aminosäuren wird z. B. durch den Photoperiodismus [33] beeinflußt, und die Stickstoff- [8] und Molybdändüngung [18] erhöht den Gehalt an freien Aminosäuren. Auch zeigen die Untersuchungen von PLESCHKOW und Mitarb. [48, 49] über die Anwendung verschiedener Düngergaben recht interessante Ergebnisse über den Aminosäurestoffwechsel, die Ausgangspunkt für weitere Forschungen sein können. So berichten PLESCHKOW und FOWDEN [50], daß bei Gerstenpflanzen nach verschiedenen NPK-Zusätzen in den 24 bzw. 48 Tage alten Blättern trotz des verschiedenen Ernährungsniveaus und Alters keine gesicherten Unterschiede in den Werten der 25 ermittelten Aminosäuren festzustellen waren. Die verschiedene Düngung hatte jedoch bestimmte, aber geringe Veränderungen im Gehalt an Amiden Tryptophan, Arginin, Lysin, Threonin, Alanin, Methionin und Prolin zur Folge.

Aus dem Biochemischen Institut in Helsinski sind zur Klärung pflanzenphysiologischer Vorgänge mehrere Arbeiten über den Stoffwechsel der freien Aminosäuren in Pflanzen veröffentlicht worden [3, 60]. So berichtet VIRTANEN [61], daß in seinem Laboratorium im Laufe von einigen Jahren etwa 10 neue Aminosäuren gefunden, isoliert und strukturell aufgeklärt worden sind. Von den japanischen Autoren KODAMA, ANZAI und HAYASHI [22] liegt eine Arbeit über den Gehalt an freien Aminosäuren in Gräsern vor.

Es ist bekannt, daß bei jungen Grünfutterpflanzen 30 Prozent und mehr der gesamten Stickstoffverbindungen von nichteiweißartiger Natur sein können. Auf Grund des intensiven Stoffwechsels junger Organismen sind in den Weidepflanzen von den Stickstoffsubstanzen nichteiweißartiger Natur ein nicht unbedeutender Teil Aminosäuren [53, 59].

Da in der Tierernährung die gesamten stickstoffhaltigen Verbindungen eines Futtermittels – „das Rohprotein" – bewertet werden, haben wir die Methode der Isolierung der freien Aminosäuren nicht benutzt. Verlockend war die Anwendung der Methode der Extraktion der Proteinfraktionen, wie sie für die Blattproteine nicht selten angewandt wird [6, 13, 29, 30, 31, 49, 62]. Jedoch kann man aus der Zusammensetzung einzelner isolierter Proteine nach DREPPER [9] nicht auf die Qualität des Gesamteiweißes schließen, wenn auch nach Bestimmung mit der elektrodialytischen und papierchromatographischen Methode von WAITE und Mitarb. [62] mitgeteilt wird, daß die Differenzen in der Zusammensetzung isolierter Grasproteine an basischen Aminosäuren nur gering sind. Die Extraktion der einzelnen Pflanzenproteine aus dem Gesamtmaterial führte mit der angewandten Methode zu hohem Rückstand-N, der nach Untersuchungen von SCHWERDTFEGER [57] für Klee (frisch) 51,2% und für Grünhafer (getrocknet) 43,5% betrug. Wir sind aus den angeführten Gründen bei der Analyse von der gesamten Ausgangssubstanz ausgegangen.

I. Methode

1. Versuchsanordnung

Die für die Untersuchung bestimmten Pflanzen wurden zwei oder drei Tage vor dem Weideauftrieb der Kühe von einer 20 × 20 m^2 großen Fläche geerntet. Die Versuche wurden 1957 für sämtliche Beweidungen durchgeführt. Der erste Weideauftrieb der Milchkühe erfolgte am 5. Mai, der Abtrieb am 12. Mai; der zweite Weideauftrieb fand am 15. Juni und der Weideabtrieb am 20. Juni statt; der dritte Auftrieb erfolgte am 28. August, der Abtrieb der Kühe am 1. September 1957. Die Weide gehörte zu der unserem Institut angegliederten Lehr- und Versuchsstation Remderoda (Muschelkalkverwitterungboden). Über diese Versuchsstation wird von LÖHNERT [28] berichtet.

Die Pflanzenarten wurden getrennt nach den von PETERSEN [47] und SCHMEIL und FITSCHEN [55] beschriebenen Merkmalen gesammelt. Die Probeentnahme erfolgte durch Abschneiden mit einem vernickelten Skalpell in der Regel vormittags nach dem Abtrocknen der Pflanzen. Von dem gesammelten Frischmaterial wurden außer den Aminosäuren der Spurenelementgehalt (Fe, Mn, Cu, Mo, Co) von ANKE [1] und der Mengenelementgehalt (Ca, Mg, P, K, Na) von BUGDOL [4] bestimmt.

2. Analytische Verfahren

Die Hydrolyse erfolgte aus dem bei 60° C getrockneten und mit der Pirouette fein gemahlenen Gesamtmaterial bei konstant eingestellter Temperatur von 120° C unter Normaldruck. Die saure Hydrolyse wurde mit 6 n HCl 24 Stunden und die alkalische Hydrolyse zur Bestimmung von Tryptophan mit 5 n NaOH 20 Stunden unter Zusatz von $SnCl_2$ durchgeführt. Zur Hydrolyse von 1 g lufttrockenem Pflanzenmaterial wurden 50 ml Flüssigkeit verwandt.

Nach der Beseitigung der Säure und Lauge wurden die Aminosäuren aus dem Gesamthydrolysat mit vier verschiedenen Lösungsmittelsystemen (Serin, Glycin, Threonin, Alanin, Tyrosin, Valin, Methionin, Leucin und Isoleucin und Phenylalanin mit o-Cresol bei pH 8,4, Histidin mit m-Cresol bei pH 8,4, Lysin und Arginin mit 2,4-Lutidin bei pH 6,2, Tryptophan mit Wasser) eindimensional aufsteigend papierchromatographisch getrennt. Wir verwendeten für sämtliche Untersuchungen die vorgeschriebene Streifenform nach MATTHIAS [35, 36]. Die quantitative Ausfärbung erfolgte mit Ninhydrin in zwei Stufen nach dem Prinzip von PERNIS und WUNDERLY [46]. Mit den Versuchslösungen wurden gleichzeitig und unter den gleichen Bedingungen Vergleichslösungen getrennt, angefärbt und ausgewertet. Über die methodischen Einzelheiten der quantitativen Bestimmung von Aminosäuren in Grünfutterpflanzen ist von uns kürzlich berichtet worden [14].

3. *Bewertung des Futtereiweißes*

Für die Bewertung des Futtereiweißes haben wir die Summe der essentiellen Aminosäuren (Lysin, Arginin, Histidin, Tryptophan, Threonin, Valin, Methionin, Leucin und Isoleucin, Phenylalanin), den EAA-Index nach OSER [45], den chemical score (MITCHELL und CARMAN [40]) und den MPV-Index (NEHRING [43]) verwandt. Da von WERNER und GRUHN [64] kürzlich über die Problematik der Bedarfszahlen der Aminosäuren bzw. Bewertungsmaßstäbe des Futtereiweißes für Milchkühe berichtet wurde und dort auch die Bezugsaminosäuren der Kuhmilch und des Volleies mitgeteilt sind, kann an dieser Stelle auf eine weitere Diskussion bzw. nochmalige Wiedergabe der Bezugswerte verzichtet werden.

II. Versuchsergebnisse

1. *Der Aminosäuregehalt verschiedener Leguminosen*

Von den zur Familie der *Papilionaceae* gehörenden Weidepflanzen waren zum Weideauftrieb Wiesenrotklee (*Trifolium pratense*), zur Zeit des 2. Weideumtriebes Wiesenrotklee (*Trifolium pratense*), Weißklee (*Trifolium repens*), Sichelluzerne (*Medicago falcata*) und zur Zeit des 3. Weideumtriebes Wiesenrotklee und Weißklee zur Analyse vorhanden. Das Pflanzenmaterial befand sich im Blattstadium. Insgesamt machten diese Pflanzen nur wenige Prozent vom Pflanzenbestand aus.

Aus Tabelle 1 ist ersichtlich, daß Wiesenrotklee einen höheren Rohproteingehalt aufweist als Weißklee. Der Gehalt an basischen Aminosäuren ist in den drei Vertretern der Schmetterlingsblütler unwesentlich verschieden; nur Wiesenrotklee hat in sämtlichen drei Proben einen höheren Histidingehalt als die beiden anderen Pflanzen. GORBATSCHEWA [11] fand nach ionophoretischer Trennung in jungem Rotklee (vor der Knospenbildung) folgende Werte für die basischen Aminosäuren. (Amino-N in Prozent des Gesamt N): Lysin 6,28, Arginin 9,34 und Histidin 1,67.

Methionin ist in den drei von uns untersuchten Arten limitant. Außer einem Methioninwert von 2,6 mg/16 mg Hydrolysat-N liegen alle Methioninwerte zwischen 1,1 und 1,6 mg/16 mg Hydrolysat-N.

NEHRING und SCHWERDTFEGER [44] fanden in Rotklee- und Luzerneproben annähernd die gleichen Methioninmengen. In den von LYMAN und Mitarb. [32] in zahlreichen Futtermitteln auf mikrobiologischem Wege bestimmten Aminosäuren wird für Luzerneblattmehl ein Methioningehalt von nur 1,54% des Luzernerohproteins mitgeteilt. Auch LUGG und WELLER [31] ermittelten in *Trifolium subterraneum* nur 1,13% Methionin-N des Gesamt-N.

Der Gehalt an Leucinen, Phenylalanin, Tyrosin, Glycin ist in den einzelnen Arten ausgeglichen, jedoch liegt der Alanin- und Seringehalt des Wiesenrotklees im 3. Umtrieb deutlich niedriger. Unsere Ergebnisse stimmen mit den von SMITH und AGIZA [58] in Edinburgh ermittelten Werten für Rotklee im Blattstadium gut überein.

Tabelle 1. *Der Aminosäuregehalt der Leguminosen beim 1. Weideumtrieb, 2. und 3. Weideumtrieb*
(Aminosäuren in mg/16 mg Hydrolysat-N)

Leguminosen	Trocken-Substanz %	Rohprotein [1]) %	Lysin	Arginin	Histidin	Tryptophan	Threonin	Valin	Methionin	Leucin und Isoleucin	Phenylalanin	Tyrosin	Glycin	Alanin	Serin	Summe EAS	EAA-Index	chemical score
									1. Weideumtrieb									
Trifolium pratense	17,9	24,6	5,6	5,8	3,3	1,6	3,3	4,6	**2,6** [2])	11,3	4,5	3,0	4,5	6,8	3,3	42,6	82	65
									2. Weideumtrieb									
Trifolium pratense	25,2	18,0	4,6	4,9	2,9	—	4,4	4,4	**1,2**	11,3	4,0	2,5	5,2	5,4	3,7	37,7	68	30
Trifolium repens	30,0	11,9	5,1	5,3	2,3	—	3,1	4,4	**1,6**	8,2	4,9	2,0	4,2	4,2	4,4	34,9	66	40
Medicago falcata	28,4	16,1	5,3	4,9	2,3	1,5	4,2	5,7	**1,6**	10,4	6,6	2,9	5,9	5,6	4,3	42,5	78	40
									3. Weideumtrieb									
Trifolium pratense	23,4	18,0	6,7	5,4	3,4	1,4	2,8	6,5	**1,1**	10,4	5,3	2,3	5,5	3,6	1,9	43,0	76	28
Trifolium repens	20,5	15,7	5,0	5,8	2,3	1,3	3,3	5,2	**1,5**	14,8	5,8	2,2	3,1	4,6	3,3	45,0	76	38

[1]) Rohprotein in Prozent der Trockensubstanz
[2]) Die limitierende Aminosäure ist halbfett gedruckt

Die Autoren fanden Werte für Lysin von 4,0%, für Arginin von 5%, für Valin von 6,1%, für die Leucine von 10,9%, für Alanin von 5,1% und für Serin von 4,6% des Proteins.

Aus der Tabelle 1 ist ferner zu ersehen, daß die beiden *Trifolium*-Arten in der Eiweißqualität fast ebenbürtig sind. Wir konnten bereits in einer unserer früheren Arbeiten [64] für die beiden Pflanzen auf der Wiese die gleiche Aussage machen. Die im 2. Umtrieb analysierte Sichelluzerne liegt um rund 12 Index-Einheiten höher.

Nach ŽENIŠEK [68] schwankt der nach OSER [45] ermittelte EAA-Index in 13 Grünfuttermitteln von 71 (*Vicia sativa*) bis 91 (*Pisum sativa*). Trotz der Schwankungsbreite um 20 EAA-Index-Einheiten wird in dieser Arbeit gezeigt, daß der Eiweißwert in jungem, blattreichen Pflanzenmaterial als recht hoch einzuschätzen ist. Die nach der Eiweißanalytik erhaltenen günstigen Bewertungszahlen junger Schmetterlingsblütler wurden von ZAUSCH [67] in N-Bilanzversuchen an wachsenden Schweinen bestätigt. Der Autor fand für Rotklee eine Biologische Wertigkeit (BW) von 80,8% und für Luzerne von 68,8%. Auch RUBACH [54] berichtet über eine BW von 81 für Phacelia. Die Ergebnisse beider Autoren wurden jedoch bei einem engen N-Gabe-NEB-Verhältnis (COLUMBUS [7]) durchgeführt, ihr Aussagewert wird aus diesem Grunde beeinträchtigt. Die BW der Futtermittel ist bei engem Verhältnis immer sehr hoch (COLUMBUS [7], HENNIG [17]), da ein Eiweißmangel vorliegt, der zu einer erhöhten N-Retention führt (HENNIG [17]).

MIERZEJEWSKI und SKULMOSKI [39] stellten in fünf *Papilionaceae* nach Hydrolyse und zweidimensionaler Papierchromatographie fest, daß Arginin, Histidin, Tryptophan, Methionin und Cystin anhand der erhaltenen Ninhydrinflecken in geringen Mengen vorhanden waren.

a) Die Abhängigkeit des Aminosäuregehaltes der Trifolium-Arten vom Weideumtrieb

Der Einfluß des Weideumtriebes auf den Gehalt an essentiellen Aminosäuren ist anhand der errechneten MPV-Indices für Wiesenrotklee und Weißklee in Tabelle 2 zu erkennen.

Tabelle 2. *MPV-Indices von Trifolium pratense und Trifolium repens*

Leguminosen	1. Umtrieb	2. Umtrieb	3. Umtrieb
Trifolium pratense	86	72	80
Trifolium repens	—	69	79

Der etwas geringere Eiweißwert des zweiten Umtriebes, bedingt durch den geringen Gehalt an essentiellen Aminosäuren, kann damit erklärt werden, daß es zur Zeit der Probeentnahme trocken und der Blattanteil gegenüber den Pflanzen z. Z. des 1. Weideumtriebes bzw. 3. Weideumtriebes reduziert war. Blattärmeres Material enthält nach eigenen Untersuchungen [15] eine geringere Menge essentieller Aminosäuren als blattreiche Pflanzen.

2. *Der Aminosäuregehalt verschiedener Weidegräser*

Von der Weide der Lehr- und Versuchsstadion Remderoda wurden 1957 folgende bestandsbildende Gräser gesammelt und das Rohprotein auf den Aminosäuregehalt untersucht. Knaulgras (*Dactylis glomerata L.*), Taube Trespe (*Bromus sterilis L.*), Quecke (*Triticum repens L.*), Deutschs Weidelgras (*Lolium perenne L.*), Wiesenrispe (*Poa pratensis L.*), Rotschwingel (*Festuca rubra L.*) und Wiesenlieschgras (*Phleum pratense L.*).

In Tabelle 3 werden die ermittelten Werte für die einzelnen Weideabschnitte mitgeteilt. Die beiden Untergräser Rotschwingel und Deutsches Weidelgras haben den höchsten, Quecke hat von den untersuchten Gramineen den niedrigsten Lysinwert.

REBER und MACVICAR [52] führten an fünf Getreidepflanzen, und zwar an Roggen, Gerste, Hafer, hartem (hard) und weichem (soft) Winterweizen wiederholte Untersuchungen in 2–4 Schnitten bei einer Pflanzenlänge von 5,7–10 cm durch, um auf diese Art die Qualität des Weidefutters im Aminosäuregehalt zu ermitteln. Die angegebenen Lysinwerte dieser Autoren schwanken z. B. bei dem in diesem Entwicklungszustand blattreichen Material von 4,9–7,7%; die von ihnen ermittelten Werte stimmen mit den von uns für die einzelnen Weideumtriebe gefundenen Werten gut überein.

Die Tryptophanwerte liegen außer zwei Extremen von 1,2 mg (*Bromus sterilis*, 1. Weideumtrieb) und 2,3 mg (*Poa pratensis*, 1. Weideumtrieb) um 1,5 mg/16 mg Hydrolysat-N. Auch LUGG und WELLER [29] fanden in vier Pflanzenarten (*Phalaris tuberosa, Hordeum murium, Medicago sativa, Medicago denticulata*) mit jeweils drei verschiedenen Präparationsformen – also in 12 Proben – Tryptophan-N-Werte in % des Protein-N, die nur von 1,78–2,09 schwankten. Threonin ist sogar in drei Proben limitant. Der Methioninanteil beträgt in dem lysinreichen Rotschwingel beim ersten Weideumtrieb nur 1,9 mg und beim dritten Umtrieb 2,6 mg/16 mg Hydrolysat-N. Die Leucine schwanken im Deutschen Weidelgras am stärksten, im Knaulgras sind sie zwischen den einzelnen Umtrieben noch am ausgeglichensten.

Wiesenrispe hat einen hohen Phenylalanin- und niedrigen Tyrosingehalt; ob diese Divergenz primär im N-Stoffwechsel zu suchen ist oder sekundär während der Hydrolyse eingetreten ist, konnte nicht geklärt werden. Ferner hat die Wiesenrispe in beiden Fällen (1. und 2. Weideumtrieb) einen relativ niedrigen Seringehalt.

a) Die Abhängigkeit des Aminosäuregehaltes der Gramineen vom Weideumtrieb

Die Qualitätsbeeinflussung des Rohproteins der Weidepflanzen durch den Weideumtrieb wird in Tabelle 4 mitgeteilt. Die Wertzahlen bestätigen, daß das Rohprotein wachsender junger Pflanzen einen Gehalt an essentiellen Aminosäuren aufweist, der dem des tierischen Eiweißes fast gleichwertig ist. Die MPV-Indices der Obergräser sind im Durchschnitt niedriger als die der Untergräser. Die Unterschiede können dadurch erklärt werden, daß die Obergräser zahlreich Stengelteile bildeten, während die Untergräser vorwiegend Blattmasse enthielten.

Anhand der Indices läßt sich folgende Reihenfolge im Eiweißwert feststellen: *Festuca rubra* > *Poa pratensis* > *Lolium perenne* > *Dactylis glomerata* > *Phleum pratense* > *Triticum repens*.

Tabelle 3. *Der Aminosäuregehalt der Gramineen beim 1. Weideumtrieb, 2. und 3. Weideumtrieb*
(Aminosäuren in mg/16 mg Hydrolysat-N)

Gramineen	Trockensubstanz %	Rohprotein %	Lysin	Arginin	Histidin	Tryptophan	Threonin	Valin	Methionin	Leucin und Isoleucin	Phenylalanin	Tyrosin	Glycin	Alanin	Serin	Summe EAS	EAA-Index	chemical score
									1. Weidenumtrieb									
Dactylis glomerata .	19,6	22,5	4,9	7,0	2,7	1,8	3,7	5,3	1,6	11,9	4,7	2,4	5,3	3,8	3,6	43,6	80	40
Bromus sterilis . . .	—	—	5,1	4,8	2,4	1,2	2,5	5,4	2,8	10,3	4,8	1,5	3,7	7,7	3,7	39,3	73	58
Triticum repens . . .	21,9	26,5	3,7	5,6	2,9	—	2,9	3,8	2,2	10,2	4,9	3,0	3,6	4,3	3,9	36,2	69	53
Lolium perenne . . .	20,6	22,5	6,1	4,4	2,9	—	3,8	4,7	3,3	8,8	4,9	2,4	3,2	5,3	3,4	38,9	78	52
Poa pratensis . . .	27,1	11,6	5,4	6,3	3,1	2,3	3,6	4,4	2,8	9,6	5,3	3,2	2,4	6,8	2,5	42,8	86	57
Festuca rubra . . .	27,6	14,6	5,8	9,9	3,7	1,9	3,2	5,8	1,9	13,0	5,8	3,0	3,2	5,7	4,4	51,0	93	48
Mittel	23,4	19,5	5,2	6,3	3,0	1,8	3,3	4,9	2,4	10,6	5,1	2,6	3,6	5,6	3,6			
									2. Weidenumtrieb									
Dactylis glomerata	28,7	14,8	4,2	5,2	3,0	1,7	3,8	5,7	3,2	11,7	4,8	2,6	3,6	6,7	4,3	43,3	84	60
Phleum pratense . .	34,3	10,2	4,3	4,0	3,4	1,5	3,7	5,3	2,0	12,6	4,8	1,7	4,5	7,5	4,6	41,6	77	50
Triticum repens . . .	28,7	13,4	4,1	3,6	3,1	1,6	3,4	5,9	2,0	8,6	4,3	3,3	4,5	5,3	4,3	36,6	71	50
Lolium perenne . . .	30,2	12,6	6,7	6,7	3,1	1,7	3,4	5,9	1,9	7,6	4,0	3,1	2,7	5,5	3,7	41,0	79	48
Poa pratensis	41,9	12,4	6,7	7,1	3,4	1,3	3,7	4,9	1,6	9,0	8,6	1,9	3,5	5,7	2,9	46,3	84	40
Mittel	32,8	12,7	5,2	5,3	3,2	1,6	3,6	5,5	2,1	9,9	5,3	2,5	3,8	6,1	4,0			
									3. Weidenumtrieb									
Dactylis glomorata .	26,3	17,8	5,2	4,8	2,6	1,6	2,0	4,8	2,0	9,2	5,6	1,7	4,4	7,0	3,6	37,8	71	47
Phleum pratense . .	38,4	10,3	5,1	3,8	3,2	—	2,7	5,5	2,6	10,5	3,9	2,5	3,4	6,9	3,9	37,3	71	58
Lolium perenne . . .	25,4	19,0	8,2	7,6	3,1	1,7	3,5	6,2	1,7	13,8	6,3	4,4	4,7	5,8	4,3	52,1	92	42
Festuca rubra . . .	34,1	16,5	8,1	6,1	3,1	1,7	1,8	5,3	2,6	12,0	5,2	3,8	4,2	6,4	3,4	45,9	83	42
Mittel	31,0	15,9	6,6	5,6	3,0	1,7	2,5	5,4	2,2	11,4	5,2	3,1	4,2	6,5	3,8			

Tabelle 4. *MPV-Indices der Weidegräser*

Gramineae	1. Umtrieb	2. Umtrieb	3. Umtrieb	Mittel
Dactylis g'omerata	85	88	75	83
Phleum pratense .	—	81	75	78
Triticum repens . .	72	75	—	74
Lolium perenne . .	82	83	97	87
Poa pratensis . .	90	88	—	89
Festuca rubra . .	97	—	87	92

3. *Der Aminosäuregehalt verschiedener Weidekräuter*

Von den Kräutern, die nach dem botanischen System zahlreiche Pflanzenfamilien umfassen, wurden Wiesenkerbel (*Anthriscus silvestris*), Kümmel (*Carum carvi*), Mittlerer Wegerich (*Plantago media*), Schafgarbe (*Achillea millefolium*), Stumpfblättriger Ampfer (*Rumex obtusifolius*), Wiesenbärenklau (*Heracleum sphondylium*), Nickende Distel (*Carduus nutans*), Stengellose Distel (*Cirsium acaule*) und Kleiner Odermennig (*Agrimonia eupatoria*) analysiert. In den jungen Weidekräutern, insbesondere z. Z. des ersten Weideumtriebes, werden Werte an basischen Aminosäuren gefunden, die denen der Bezugseiweiße nicht viel nachstehen (Tabelle 5). Dabei soll insbesondere auf den günstigen Gehalt der Distel-Arten hingewiesen werden. Auch Wiesenbärenklau zeigt sehr hohe Lysin-, Arginin- und Histidinwerte. Schafgarbe hat im Rohprotein einen nicht so hohen Lysin- und Arginingehalt wie die anderen Kräuter.

ARMSTRONG [2] fand in der Schafgarbe vor der Blüte einen Lysinwert von 4,30% und zu Beginn der Blüte einen solchen von 3,95% des Rohproteins. Obwohl die Schafgarbe von uns in einem früheren Entwicklungsstadium geerntet wurde, stimmen unsere Zahlen gut mit den von ARMSTRONG [2] ermittelten Werten überein.

Der Tryptophangehalt von 1,6 bzw. 1,7 mg/16 mg Hydrolysat-N beim Wiesenkerbel ist hoch und stellt von den untersuchten Kräutern einen günstigen Wert dar.

Die Eck-Aminosäure [23] Threonin weist in den von uns untersuchten Pflanzen einen sehr variierenden Gehalt auf. Den niedrigsten Threoninwert besitzt Wiesenbärenklau. Auch die beiden Distelarten weisen niedrige Threoningehalte auf (2,3 bzw. 2,0 mg/16 mg Hydrolysat-N). Hinzuweisen ist noch auf den hohen Gesamtleucingehalt in den Weidekräutern.

a) Die Abhängigkeit des Aminosäuregehaltes der Weidekräuter vom Weideumtrieb

In der Tabelle 6 werden die MPV-Indices der Weidekräuter in verschiedenen Umtrieben mitgeteilt. Aus ihr kann entnommen werden, daß erstens die MPV-Indices sehr hoch liegen und daß zweitens die Werte im 1. und 2. Umtrieb ähnlich sind, jedoch im 3. Umtrieb abfallen.

Tabelle 5. *Der Aminosäuregehalt der Kräuter beim 1. Weideumtrieb, 2. und 3. Weineumtrieb* (Aminosäuren in mg/16 mg Hydrolysat-N)

Kräuter	Trocken-substanz %	Rohprotein %	Lysin	Arginin	Histidin	Tryptophan	Threonin	Valin	Methionin	Leucin und Isoleucin	Phenylalanin	Tyrosin	Glycin	Alanin	Serin	Summe EAS	EAA-Index	chemical score
								1. Weideumtrieb										
Anthriscus silvestris	13,2	26,9	4,5	3,1	2,6	1,6	3,5	5,9	2,6	12,0	4,6	2,7	3,7	4,4	3,6	40,4	76	47
Carum carvi	13,2	20,8	5,9	6,9	3,0	1,6	3,1	4,9	2,2	11,8	3,7	3,1	4,5	4,6	3,4	43,1	80	55
Plantago media	9,7	16,0	7,2	6,7	2,6	1,7	3,8	6,3	1,9	10,6	5,1	2,7	5,1	4,9	5,2	45,9	85	48
Achillea millefolium . .	17,8	21,3	5,1	3,6	3,6	—	3,4	5,6	2,1	12,3	6,1	2,3	3,0	4,7	3,7	41,8	78	52
Heracleum sphondylium .	11,9	26,6	7,8	5,0	3,3	1,6	1,6	3,0	1,0	8,1	2,6	2,4	4,0	4,2	3,1	34,0	60	25
Carduus nutans	11,9	32,1	7,0	3,8	2,4	1,4	2,0	4,7	1,3	8,3	4,2	2,0	2,9	4,2	3,5	35,1	64	32
Cirsium acaule	10,6	26,7	5,7	5,4	2,1	1,8	2,3	4,2	1,3	10,9	4,5	2,8	3,1	4,9	4,6	38,2	69	32
Mittel	12,6	24,3	6,2	4,9	2,8	1,6	2,8	4,9	1,8	10,6	4,4	2,6	3,8	4,6	3,9			
								2. Weideumtrieb										
Anthriscus silvestris . .	15,8	15,8	3,5	5,1	2,7	1,7	3,7	5,5	1,3	11,1	6,1	3,2	4,5	5,4	4,2	40,7	74	32
Carum carvi	19,7	14,6	4,7	4,1	3,1	1,1	4,0	6,1	1,8	13,3	7,7	2,8	3,2	5,1	2,7	45,9	80	45
Plantago media	24,3	12,0	6,6	5,1	2,9	1,7	4,6	5,4	2,1	13,4	5,9	4,0	4,8	4,9	3,4	47,7	88	52
Achillea millefolium . .	27,8	12,6	3,8	2,8	2,5	1,6	4,3	5,6	1,6	12,8	5,9	3,4	4,2	4,9	3,2	40,9	73	40
Rumex obtisifolius . . .	18,4	17,2	6,0	6,5	3,2	1,9	5,7	6,0	2,1	14,7	5,8	3,4	5,8	5,5	4,3	51,9	95	52
Tragopogon pratensis . .	22,3	15,1	4,5	4,0	2,8	1,2	2,7	6,7	2,1	12,3	4,6	5,0	6,0	5,7	3,9	40,9	72	52
Agrimonia eupatoria . .	18,3	14,3	3,5	3,8	3,2	1,0	4,3	6,2	1,1	11,6	4,9	2,3	6,1	5,8	3,1	39,6	68	28
Mittel	20,9	14,5	4,6	4,5	2,9	1,5	4,2	5,9	1,7	12,7	5,8	3,4	4,9	5,3	3,5			
								3. Weideumtrieb										
Anthriscus silvestris . .	17,2	21,4	4,6	4,0	2,4	1,7	2,5	3,4	1,9	15,1	4,6	2,9	3,0	4,9	4,0	40,2	70	48
Carum carvi	18,7	18,9	4,6	5,5	2,5	—	2,3	3,6	2,4	14,5	4,0	3,5	3,7	5,3	3,9	39,4	68	50
Plantago media	16,9	12,1	7,3	5,7	2,8	—	2,8	5,8	1,9	11,4	5,3	2,6	4,4	4,4	2,9	43,0	79	48
Rumex obtisifolius . . .	10,7	13,5	6,7	5,3	2,9	1,6	2,6	6,2	2,5	13,8	4,1	5,4	4,0	4,6	2,9	45,7	82	60
Mittel	15,9	16,5	5,8	5,1	2,6	1,6	2,6	4,8	2,2	13,7	4,5	3,6	3,8	4,8	3,4			

Tabelle 6. *MPV-Indices der Weidekräuter*

Kräuter	1. Umtrieb	2. Umtrieb	3. Umtrieb	Mittel
Anthriscus silvestris	80	78	73	77
Carum carvi . . .	84	85	72	80
Achillea millefolium	81	76	—	78
Plantago media . .	90	93	83	89
Rumex obtusifolius	—	100	86	93

4. *Vergleich der Aminosäure-Durchschnittswerte verschiedener Weideumtriebe*

In der Tabelle 7 werden die Durchschnittswerte mit Standardabweichungen der *Trifolium*-Arten, *Gramineen* und Kräutern für die einzelnen Umtriebe mitgeteilt, und in Abbildung 1 sind die Relativzahlen dieser Werte zu den korrespondierenden Zahlen der Kuhmilch graphisch dargestellt.

Tabelle 7. *Durchschnittswerte und Standardabweichung der Aminosäuren der analysierten Weidepflanzen verschiedener Weideumtriebe*
(Aminosäuren in mg/16 mg Hydrolysat-N)

Umtriebe	Lysin	Arginin	Histidin	Tryptophan	Threonin	Valin	Methionin	Leucin und Isoleucin	Phenylalanin	Tyrosin	Glycin	Alanin	Serin
1. Weideumtrieb	5,7	5,6	2,9	1,7	3,1	4,9	2,1	10,6	4,7	2,6	3,7	5,0	3,7
	1,1	1,8	0,5	0,3	1,0	0,9	0,7	1,5	0,9	0,5	0,9	0,9	0,6
2. Weideumtrieb	4,9	4,9	2,9	1,5	3,9	5,6	1,8	11,2	5,5	2,9	4,6	5,5	3,8
	1,1	1,2	0,3	0,3	0,7	0,6	0,5	2,1	1,4	0,9	1,1	0,8	0,6
3. Weideumtrieb	6,1	5,4	2,8	1,3	2,6	5,2	2,0	12,6	5,0	3,1	4,0	5,4	3,4
	1,4	1,1	0,2	0,6	0,5	1,1	0,5	2,1	0,8	1,1	0,7	1,1	0,7

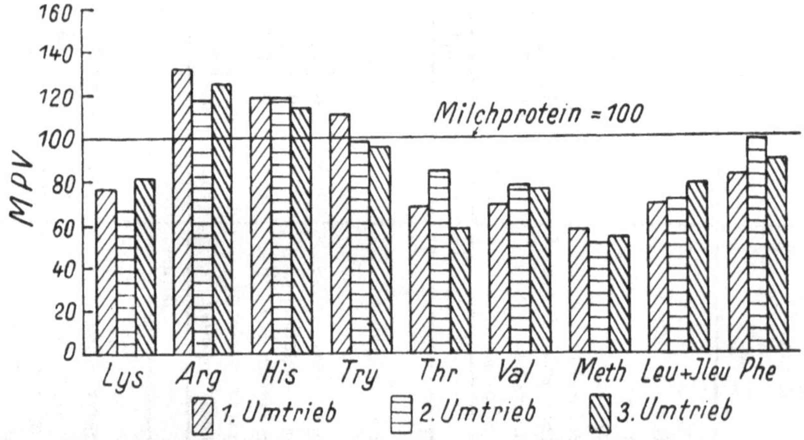

Abb. 1. Einfluß der Weideumtriebe auf das Milchproteinverhältnis der Weidepflanzen

Die Lysin-, Arginin- und Methioninwerte sind im 2. Umtrieb niedrigrer und die Threonin-, Valin-, Phenylalanin-, Glycin- und Alaninwerte höher als die anderen dazugehörigen Parallelwerte.

Zum Vergleich sollen aus der Literatur nur die Durchschnittswerte für Methionin und Lysin mitgeteilt werden. ŽENIŠEK [69] ermittelte den Gehalt an essentiellen Aminosäuren in 12 Grünfutterproben und fand im Rohprotein 1,70% Methionin; der Gehalt schwankt von 0,80% (junge Luzerne) bis 3,03% (Grünfutterroggen). Der durchschnittliche Lysingehalt beträgt nach Ergebnissen dieses Autors 5,08% des Rohproteins und liegt entgegen den Untersuchungsergebnissen von NEHRING und SCHWERDTFEGER [44] und eigenen Resultaten [15] in der jungen Luzerne mit 3,80% sehr niedrig; der Lysinwert mit 5,78% des Rohproteins liegt in den von ŽENIŠEK [69] 12 analysierten Grünfuttermitteln im Silomais am höchsten. GORBATSCHEWA [12] teilt für die Maissorte „Wir 42" mit fortschreitendem Alter in einem siebenwöchigen Versuchsabschnitt (13. 8.—30. 9.) 4 Lysinwerte von 4,12%, 4,43%, 3,37% und 3,51% des Rohproteins mit.

KIK und STATEN [20] bestimmten den Gehalt von 17 Aminosäuren mikrobiologisch in sechs verschiedenen Sudangras-Sorten (*Sorghum vulgare*), im Rohrschwingel (*Festuca arundinacea*), im Knaulgras (*Dactylis glomerata*), in fünf weiteren *Gramineen*-Arten, in fünf Inkarnatklee-Sorten (*Trifolium incarnatum*), im Echten und Weißen Steinklee (*Melilotis officinalis* und *M. albus*) und in zwei Luzernearten (*Medicago sativa*). Der durchschnittliche Methioningehalt dieser 22 Pflanzen betrug 2,20% des Rohproteins (niedrigster Wert von 1,68% der Inkarnatklee-Sorte „*Dixie*" und maximaler von 2,74% des Rohproteins in *Medicago sativa*). Von diesen untersuchten Grünfutterpflanzen betrug der durchschnittliche Lysingehalt 5,01% des Rohproteins (niedrigster Wert von 4,05% der *Sorghum*-Sorte „*Swett*" und höchster von 6,54% des Rohproteins von *Medicago sativa*).

Auch unsere Werte betragen nach Abbildung 1 etwa 50% des Wertes des Kuhmilchmethionins; Methionin ist demnach in der Regel für alle Pflanzen limitierend. Im Lysingehalt treten für die Weideumtriebe etwas größere Schwankungen auf; die Fehlmenge beträgt z. Z. des ersten Weideumtriebes 24%, im zweiten 35% und im dritten Weideumtrieb 18%. Der Valin- und Gesamtleucingehalt beträgt etwa 75% des Gehaltes der Bezugsaminosäuren. Phenylalanin hat im ersten Umtrieb ein Defizit von 17%, im zweiten von 3% und im dritten von 12%; auch der Threoninanteil variiert (Defizit 34%, 14% und 43%). Ferner ist aus der Abbildung 1 zu ersehen, daß die Arginin-, Histidin- und Tryptophanwerte denen der Milch überlegen bzw. gleich sind.

5. *Zusammenhänge zwischen Trockensubstanz und Rohprotein*

Bekanntlich nimmt mit höherem Trockensubstanzgehalt – im Wesen mit dem Älterwerden der Pflanzen – der Rohproteingehalt, bezogen auf den Trockensubstanzgehalt ab. Da die Weidegräser zahlenmäßig am stärksten vertreten waren, haben wir mit Hilfe der Regressionsgleichung die Werte statistisch verrechnet.

$N = 13$	$B = 0{,}67$
$\bar{x} = 27{,}92$	$t = 4{,}77$
$\bar{y} = 16{,}33$	$P < 0{,}001$
$b = -0{,}764$	
$a = 37{,}650$	

$\bar{x}$ = Trockensubstanz; $\bar{y}$ = Rohprotein in Prozent der Trockensubstanz

Nach Einsetzen der errechneten Werte ergibt sich die Gleichung:

$$Y = 37,65 - 0,764\,x$$

Die vorstehende Gleichung sagt aus, daß in dem untersuchten Bereich mit dem Anstieg der Trockensubstanz um 1% der Rohproteingehalt, bezogen auf Trockensubstanz, um 0,76% abnimmt.

Zum Vergleich haben wir die in mehreren Jahren ermittelten Trockensubstanz- und Rohproteinwerte von 199 Grünfutterpflanzen nach derselben Methode verrechnet und erhielten folgende Werte:

$N = 199$ $\quad B = 0,22$
$\bar{x} = 21,48$ $\quad t = 7,446$
$\bar{y} = 16,06$ $\quad P < 0,001$
$b = -0,348$
$a = 23,536$

Die erhaltenen Werte bestimmen folgende Gleichung:

$$Y = 21,48 - 0,348\,x$$

Aus der Gleichung ist zu ersehen, daß in dem untersuchten Bereich mit dem Anstieg des Trockensubstanzgehaltes um 1% der Rohproteingehalt, bezogen auf Trockensubstanz, in den Pflanzen um 0,35% abnimmt.

Wenn man die beiden Gleichungen gegenüberstellt, ist unschwer zu erkennen, daß in den Weidegräsern die Abhängigkeit des Rohproteingehaltes vom Trockensubstanzgehalt deutlicher in Erscheinung tritt als in dem Gesamtmaterial der untersuchten Pflanzenfamilien.

6. Vergleich der Leguminosen, Gräser und Kräuter

Aus der Tabelle 8 ist zu ersehen, daß der Lysingehalt der Kräuter nur z. Z. des ersten Weideumtriebes dem der Gräser überlegen ist. Im zweiten und dritten

Tabelle 8. *MPV-Durchschnittswerte der essentiellen Aminosäuren von Leguminosen, Gräser und Kräuter*

Pflanzen	Lysin	Arginin	Histidin	Tryptophan	Threonin	Valin	Methionin	Leucin und Isoleucin	Phenylalanin
					1. Weideumtrieb				
Leguminosen (1)*)	74	134	132	100	72	**67**	71	71	79
Gräser (6)	69	147	118	114	72	71	**66**	67	89
Kräuter (7)	82	115	112	103	61	72	**48**	66	78
					2. Weideumtrieb				
Leguminosen (3)	67	117	101	93	84	70	**39**	63	91
Gräser (5)	69	123	128	98	79	80	**58**	62	93
Kräuter (7)	62	105	117	90	91	86	**46**	80	103
					3. Weideumtrieb				
Leguminosen (2)	78	130	112	83	66	84	**35**	79	97
Gräser (4)	89	130	120	104	**55**	79	61	72	92
Kräuter (4)	77	119	107	104	**55**	69	58	86	79

*) Anzahl der untersuchten Pflanzen.

Umtrieb liegen die MPV-Indices des Lysins der Kräuter niedriger als die der Gräser. Die Relativzahlen des Arginins und Histidins liegen stets über 100, d. h. Weidegrünfutter enthält einen Überschuß an beiden basischen Aminosäuren. Die Methioninwerte sind für die Kräuter niedriger als für die Gräser; dagegen sind die Relativzahlen des Gesamtleucins in der Regel höher als die der Gräser.

Außer Threonin, das in den Gräsern und Kräutern im dritten Umtrieb limitiert, und außer einer Valinprobe (Trifolium repens, 1. Weideumtrieb) ist Methionin der begrenzende Eiweißbaustein des Roheiweißes der Weidegräser.

Zusammenfassung

In der vorliegenden Arbeit wird über den Aminosäuregehalt in Weidepflanzen verschiedener Weideumtriebe berichtet. Vertreter verschiedener Pflanzenfamilien (*Papilionceae, Gramineae, Umbelliferae, Plantaginaceae, Compositae, Polygonaceae, Rosaceae*) wurden jeweils vor drei Beweidungen während des Jahres 1957 auf den Aminosäuregehalt analysiert.

Die einzelnen Weideumtriebe haben keinen wesentlichen Einfluß auf die Eiweißqualität der Weidepflanzen.

Pflanzen gleichen physiologischen Alters (Blattstadium) sind im essentiellen Aminosäurespiegel nur unwesentlich verschieden. Junge Weidepflanzen sind in ihrem Eiweißwert Eiweißfuttermitteln tierischer Herkunft fast ebenbürtig.

Die schwefelhaltige Aminosäure Methionin ist vorrangig die limitierende Aminosäre in den untersuchten Weidepflanzen.

Literaturverzeichnis

1 ANKE, M., 1961: Der Spurenelementgehalt von Grünland- und Ackerpflanzen verschiedener Böden in Thüringen. Zeitschr. für Acker- und Pflanzenbau **112**, 113—140.

2 ARMSTRONG, R. H., 1951: Amino-acids in the proteins of herbage. J. Sci. Food Agric. 2, 166—170.

3 BRAMESFELD, B. und A. I. VIRTANEN, 1956: Ein Beispiel für die Variationsmöglichkeiten in der Zusammensetzung der freien Aminosäuren in einer Pflanzenart. Acta Chem. Scand. **10**, 688—689.

4 BUGDOL, G., 1961: Der Makroelementgehalt verschiedener Grünland- und Ackerpflanzen auf Muschelkalk- und Buntsandsteinverwitterungsboden in Thüringen. Diss. Landw. Fakultät Jena.

5 CHALMERS, M. I. und R. L. M. SYNGE, 1954: The digestion of protein and nitrogenous compounds in ruminants. Advances in Protein Chemistry **IX**, 93—120.

6 Сисакиян, Н. М., Э. Н. Безингер, Н. А. Гумилевская и Н. Ф. Лукьянова, 1955: Аминокислотмый состав белков хлоропластов и лейкопластов в онтогенезе растений. Биохимия т. 20, вып. 3, 368—376.

7 COLUMBUS, A., 1951: Die Variabilität der biologischen Eiweißwertigkeit unter verschiedenen Bedingungen, nach Stoffwechselversuchen an wachsenden Schweinen. Archiv für Tierernährung **1**, 36—55 und 84—128.

8 Дадыкин, В. П. и З. С. Игумнова, 1956: О содержании свободиых аминокислот в молодых растениях пшеницы при изолированном питании. Физиология растений т. **3**, вып. 5, 431—434.

[9] DREPPER, K., 1957: Die Bedeutung der Stickstoffverbindungen des Bodens und der Pflanzen für die Tierernährung sowie experimentelle Untersuchungen zur Wertbeurteilung des Nahrungsstickstoffs. III. Teil: Die Nahrungswertbestimmung von Futtermittelrohproteinen durch Eiweißbausteinanalyse. Zeitschr. für Tierernährung und Futtermittelkunde **12**, 101—117.

[10] Горбачева, А. П., 1950: Азотистые вещства крови как „предшественники" азотистых веществ молока. Доклады Всесоюзной ордена Ленина академии сельскохозяйственных наук имени В. И. Ленина т. 15, вып. 4, 7—13.

[11] Горбачева, А. П., 1956: Изменение состава азотистых (белковых) веществ кормовых трав при их вегетации. Доклады Всесоюзной ордена Ленина академии сельскохозяйственных наук имени В. И. Ленина т. 21, вып. 5, 20—26.

[12] Горбачева, А. П., 1957: Аминокислотный состав зелёной кукурузы при её вегетации. Доклады Всесоюзной ордена Ленина академии сельскохозяйственных наук имени В. И. Ленина т. 22, вып. 7, 3—10.

[13] Горбачева, А. П., 1958: Спирторастворимые белки зелёной кукурузы. Доклады Всесоюзной ордена Ленина академии сельскохозяйственных наук имени В. И. Ленина т. 23, ньп. 11, 9—16.

[14] GRUHN, K., 1960: Eine Methode der quantitativen Bestimmung von Aminosäuren in Grünfutterpflanzen. Wissenschaftl. Zeitschr. der Friedrich-Schiller-Universität Jena, Jg. **9**, math.-naturw. Reihe, Heft 4/5, 593—603.

[15] GRUHN, K., 1962: Junge Grünfutterpflanzen sind wertvolle wirtschaftseigene Futtermittel. Die Deutsche Landwirtschaft **13** (im Druck).

[16] GRUHN, K., 1962: Der Aminosäuregehalt des Rohproteins in Grünfutterpflanzen verschiedener Bodenarten. Jahrbuch der Arbeitsgemeinschaft für Fütterungsberatung **4**.

[17] HENNIG, A., 1957: Über die Biologische Wertigkeit des Eiweißes verschiedener Futtermittel für die Erhaltung bei volljährigen Schweinen. Zeitschr. für Tierernährung und Futtermittelkunde **12**, 339—366.

[18] HEWITT, E. J., E. W. JONES und A. H. WILLIAMS, 1949: Relation of molybdenum and manganese to the free amino-acid content of cauliflower. Nature **163**, 681—682.

[19] KEMBLE, A. R. und H. T. MACPHERSON, 1954: Liberation of amino acids in perennial rye grass during wilting. Biochem. J. **58**, 46—49.

[20] KIK, M. C. und R. D. STATEN, 1957: The nutrient content of fescue and orchardgrass and amino acids in other grassland species. Agronomy J. **49**, 248—250.

[21] KNAPP, R. und H. F. LINSKENS, 1954: Über Aminosäuren aus der Blattstreu einiger Pflanzenarten von Wäldern auf verschiedenen Böden. Naturw. **41**, 480—481.

[22] KODAMA, J., E. ANZAI und K. HAYASHI, 1955: Study on the free amino acids in plant 1. Free amino acids in grasses (japanisch). J. Japanese Soc. Food Nutrition **8**, 174—176.

[23] KOFRÁNYI, E., 1956: Zur Bestimmung der biologischen Wertigkeit von Nahrungsproteinen. Hoppe-Seyler's Zeitschr. physiol. Chemie **305**, 61—69.

[24] KOLOUŠEK, J. und C. B. COULSON, 1955: Plant proteins. IV.-Amino-acids present in alcoholic extracts of grass and legume hays and fenugreek seeds. J. Sci. Food Agric. **6**, 455—461.

[25] Кугенев, П. В., 1951: Влияние рациона коров на аминокислотный состав молока. Советская зоотехния Т. 6, № 2, 49—56.

[26] Кугенев, П. В., 1953: Влияние рапиона дойных коров на аминокислотный состав молока. Известия тимирязевской сельскохозяйственной академии вып. 1 (2), 187—196.

[27] LINTZEL, W., 1954: Probleme der Eiweißqualität im Erhaltungs- und Leistungsfutter beim Pflanzenfresser und beim Fleischfresser. Beihefte zum Archiv für Tierernährung, Heft Nr. 5, 127—134.

[28] LÖHNERT, H., 1959: Die Lehr- und Versuchsstation Remderoda des Institutes für Tierernährung der Friedrich-Schiller-Universität, Jena. Jahrbuch der Arbeitsgemeinschaft für Fütterungsberatung **2**, 497—502.

29 LUGG, J. W. H. und R. A. WELLER, 1944: Large-scale extraction of protein samples reasonably representative of the whole proteins in the leaves of some plants: the amide, tyrosine, tryptophan, cystine (plus cysteine) and methionine contents of the preparations. Biochem. J. **38**, 408—411.

30 LUGG, J. W. H. und R. J. BEST, 1945: The effects of infection of tobacco plants (*Nicotiana tabacum*) with tobacco mosaic virus on some of the properties of the protein present in the leaves. Australian J. Exper. Biol. Med. Science **23**, 235—239.

31 LUGG, J. W. H. und R. A. WELLER, 1948: Protein in senescent leaves of *Trifolium subterraneum* partial amino-acid composition. Biochem. J. **42**, 412—414.

32 LYMAN, C. M., K. A. KUIKEN und F. HALE, 1956: Essential amino acid content of farm feeds. J. Agric. Food Chem. **4**, 1008—1013.

33 MADAN, CH. L., 1956: Die Verteilung der freien Aminosäuren in der Pflanze und ihre Beeinflussung durch photoperiodische Induktion (Untersuchungen an Kalanchoë Blossfeldiana). Planta **47**, 53—80.

34 MANSFORD, K. und R. RAPER, 1954: Amino-acid content of plants. Nature **174**, 314—315.

35 MATTHIAS, W., 1954: Über ein papierchromatographisches Verfahren für Serienuntersuchungen in der Pflanzenzüchtung. Der Züchter **24**, 313—316.

36 MATTHIAS, W., 1954: Serienuntersuchungen mit Hilfe einer neuen Form der Streifen-Papierchromatographie. Naturw. **41**, 17—18.

37 MICHAEL, G. und B. BLUME, 1955: Über das Verhalten einiger lebenswichtiger Aminosäuren beim biologischen Abbau in verschiedenen Pflanzen. Archiv für Tierernährung **5**, 41—51.

38 MICHAEL, G. und B. BLUME, 1957: Über den Gehalt einiger Futterpflanzen an basischen und sauren Aminosäuren in Abhängigkeit von Schnittzeit und Entwicklungszustand. Archiv für Tierernährung **7**, 181—192.

39 MIERZEJEWSKI, T. und J. SKULMOWSKI, 1953: Oznaczanie aminokwasów w hydrolizatach suszonych zielonek: lucerny siewnej, seradeli, koniczyny czerwonej, bobiku i lubinu slodkiego-metoda chromatografii bibulowej. Annales Universitatis Mariae Curie-Sklodowska, Lublin-Polonia, Sectio DD, Medicina Veterinaria **VIII**, 387—398.

40 MITCHELL, H. H. und CARMAN, G. G., 1926: The biological value of the nitrogen of mixtures of patent white flour and animal foods. J. Biol. Chem. **68**, 183—215.

41 MITCHELL, H. H., 1954: The dependence of the biological value of food proteins upon their content of essential amino acids. In: Nehring, K.: 100 Jahr Möckern. Die Bewertung der Futterstoffe und andere Probleme der Tierernährung. Festschrift anläßlich des 100-jährigen Bestehens der Landwirtschaftlichen Versuchsstation Leipzig-Möckern **II**, 279—325.

42 MORRIS, S. und S. C. RAY, 1939: The nutritive value of proteins for milk production. V. The effect of high temperature and of season on the nutritive value of grass proteins, the supplementary effect of the maintenance ration on the production ration, and the effect of feeding a high-protein ration. J. Dairy Research **10**, 165—185.

43 NEHRING, K., 1953: Die Bestimmung der biologischen Wertigkeit des Eiweißes. Landw. Forschung, Sonderheft 4, 123—141.

44 NEHRING, K. und E. SCHWERDTFEGER, 1957: Der Gehalt an essentiellen Aminosäuren in einigen Nahrungs- und Futtermitteln. Zeitschr. für Lebensmittel-Untersuchung und -Forschung **105**, 12—21.

45 OSER, B. L., 1951: Method for integrating essential amino acid content in the nutritional evaluation of protein. J. American Dietetic Assoc. **27**, 396—402.

46 PERNIS, B. und CH. WUNDERLY, 1953: Quantitative determination of amino acids on filter paper. Staining in two stages. Biochim. Biophys. Acta **11**, 209—214.

47 PETERSEN, A., 1953: Die Gräser als Kulturpflanzen und Unkräuter auf Wiese, Weide und Acker. 3. verb. u. erweiterte Auflage, Akademie-Verlag, Berlin.

48 Плешков, Б. И., Т. В. Шмырева и Ш. Иванко, 1958: Изучение интенсивности синтеза аминокислот и влияние условий питния на содержание свободных аминокислот в растениях. Доклады ТСХА, вып. XXXIV, 50—54.

49 Плешков, Б. П., Т. В. Шмырева и Ш. Иванко, 1959: Изменение содержания свободных аминокислот в листьях и корнях кукурузы в зависимости от условий питания растений. Физиология растений Т. 6, вып. 6, 668—678.

50 Плешков, Б. П. и Л. Фоуден, 1959: Содержание свободных аминокислот и аминокислотный состав белкол листьев ячменя в зависимости от условий минерального питания и возраста растений. Известия тимирязевской сельскохозяйственной академии № 5 (30), 95—112.

51 Попов, И. С., 1961: Проблема аминокислот в кормлении сельскохозяйственных. животных. Животноводство Т. 23, № 3, 13—25 u. № 7, 3—15.

52 REBER, E. und R. MACVICAR, 1953: The nitrogen composition of cereal grasses. III. Amino acid distribution in field clippings and growing plants. Agronomy J. **45**, 17—21.

53 REUTER, G., 1957/58: Die Hauptformen des löslichen Stickstoffs in vegetativen pflanzlichen Speicherorganen und ihre systematische Bewertbarkeit. Flora **145**, 326—338.

54 RUBACH, G., 1961: Untersuchungen über den Wert der Phacelia (Phacelia tanacetifolia Benth.) als Futterpflanze. Diss. Landwirtschaftl. Fakultät Jena.

55 SCHMEIL, O. und J. FITSCHEN, 1953: Flora von Deutschland. Ein Hilfsbuch zum Bestimmen der in Deutschland wildwachsenden und häufig angebauten Pflanzen. 64.—66. Auflage. Akademische Verlagsgesellschaft Geest & Portig K.-G., Leipzig.

56 SCHOENHEIMER, R. und S. RATNER, 1941: The metabolism of proteins and amino acids. Annual Review Biochem. **X**, 197—220.

57 SCHWERDTFEGER, E., 1958: Über die Extraktion pflanzlicher Proteine. Beiträge aus der Agrikulturchemie zu Problemen der Forschung und Praxis. Wissenschaftl. Abhandlungen der Deutschen Akademie der Landwirtschaftswissenschaften zu Berlin, Nr. 37, 153—163.

58 SMITH, A. M. und A. H. AGIZA, 1951: The amino-acids of several grassland species, cereals and bracken. J. Sci. Food Agric. **2**, 503—520.

59 SYNGE, R. L. M., 1951: Non-protein nitrogenous constituents of rye grass: Ionophoretic fractionation and isolation of a „bound amino-acid" fraction. Biochem. J. **49**, 642—650.

60 VIRTANEN, A. I., E. UKSILA und E. J. MATIKKALA, 1954: A new type of monoaminodicarboxylic acid, γ-hydroxy-α-aminopimelic acid and its lactone in green plants. Acta Chem. Scand. **8**, 1091—1093.

61 VIRTANEN, A. I., 1955: Neue Amino- und Ketosäuren in grünen Pflanzen und die Biosynthese der Aminosäuren. Angew. Chem. **67**, 381—388.

62 WAITE, R., A. FENSOM und S. LOVETT, 1953: The amino-acid composition of extracted grass-protein. I.-The basic acids. J. Sci. Food Agric. **4**, 28—33.

63 WEISSMAN, N. und R. SCHOENHEIMER, 1941: The relative stability of (l(+)-lysine in rats studied with deuterium and heavy nitrogen. J. Biol. Chem. **140**, 779—795.

64 WERNER, A. und K. GRUHN, 1961: Untersuchungen über den Aminosäuregehalt des Rohproteins der Wiesenpflanzen in verschiedenen Wachstumsstadien. Archiv für Tierernährung **11**, 116—144.

65 WERNER, A. und A. HENNIG, 1960: Die Biologische Wertigkeit des Futtereiweißes für Milchbildung und Erhaltung bei säugenden Sauen. Zeitschr. f. Tierphysiologie, Tierernährung und Futtermittelkunde **15**, 143—155.

66 WOOD, J. G. und D. H. CRUICKSHANK, 1944: The metabolism of starving leaves. 5. Changes in amounts of some amino acids during starvation of grass leaves; and their bearing on the nature of the relationship between proteins and amino acids. Australian J. Exper. Biol. Med. Science **22**, 111—123.

67 ZAUSCH, M., 1958: Grünfutterqualität. Jahrbuch der Arbeitsgemeinschaft für Fütterungsberatung **1**, 21—23.

[68] ŽENIŠEK, Z. 1957: Stanovení aminokyselin v krmivech II. Živočisna výroba. Sborník Československé Akademie Zemědělských VĚD 2, 979—892.
[69] ŽENIŠEK, Z., 1959: Stanovení aminokyseiin v krmivech III. Živočisna výroba. Sborník Československé Akademie Zemědělských VĚD 4, 239—250.
[70] ŽENIŠEK, Z. uud Z. MÜLLER, 1960: Aminokyseliny v krmivech a jejich potřeba pro hospodáršká zvířata. Vydalo miništeřstvo zemědělství leshího a vodního hospodarštví ve státnim zemědělském nakladatelství Praha.

Eingegangen am 2. 6. 1961

Aus dem Institut für Tierernährung der Martin-Luther-Universität Halle-Wittenberg
(Komm. Direktor Prof. Dr. K. VÖHRINGER)

S. JAHN und *W. HARNISCH*

Nährstoffbilanzen bei der Herstellung von Mais- und Mischsilagen

Hohe Leistungen in der Viehwirtschaft setzen eine gleichmäßige Futterversorgung der Tierbestände voraus, was durch die Schaffung von ausreichenden Futtervorräten und -reserven erreicht wird.

Bei der Anlage von Futtervorräten kommt der Konservierung von Grünfuttermitteln und Hackfrüchten die größte Bedeutung zu. Die beiden dafür in Frage kommenden Methoden sind die Trocknung und Silierung. In beiden Fällen sind Substanz- bzw. Nährstoffverluste in gewissem Umfang unvermeidbar. Aus diesem Grunde ist die Kenntnis um die Konservierungsverluste bei der Durchführung einer exakten Futterplanung unbedingt erforderlich, da hierbei von Seiten des Futteraufkommens nur mit dem Futter gerechnet werden kann, was direkt im Stall zur Verfütterung bereit steht.

Es ist bekannt, daß die Höhe der Futterverluste sehr unterschiedlich ist und im Wesentlichen durch die Konservierungsmethode bestimmt wird.

Während beispielsweise bei der Heuwerbung durch Bodentrocknung bei ungünstigen Witterungsverhältnissen über 50% der Nährstoffe verloren gehen können, aber bereits bei der Gerüsttrocknung niedere Verluste auftreten, werden sie bei Anwendung des Kaltbelüftungsverfahrens und der technischen Trocknung auf ein Minimum eingeschränkt.

Auch die zweite Form der Futterkonservierung, die Silierung, ist mit Verlusten verbunden. Die Höhe der Verluste wird hier im wesentlichen durch Zusammensetzung des Einfüllgutes, dessen technische Bearbeitung und durch die Silcart bestimmt. Die bisher vorliegenden Angaben über Silierungsverluste sind noch unvollständig und bedürfen einer Erweiterung. Sie beruhen überwiegend auf den mit Kleinsilos gewonnenen Erkenntnissen und sind aus diesem Grunde nicht ohne weiteres auf die Verhältnisse in Großsilos übertragbar. Es bedarf deshalb der Anstellung von Untersuchungen über die Nährstoffverluste insbesondere in größeren Silos, um der Praxis Empfehlungen über Möglichkeiten einer Senkung der Nährstoffverluste und über die Höhe der bei der Planung zu berücksichtigenden Verluste geben zu können.

Mit den nachstehenden Nährstoffbilanzen bei der Herstellung von Mais- und Mischsilagen soll hierzu beigetragen werden.

Zur Nährstoffbilanzierung standen Massivbehälter zur Verfügung. Es waren Rundsilos aus Betonfertigteilen mit einem Rauminhalt von 7,5 m³ (Durchmesser

2,0 m, Höhe etwa 2,4 m). Bei der Füllung der Silos wurde das Einfüllgut gewogen und analysiert. Das Gleiche erfolgte bei Entnahme der fertigen Silage.

Die Beschickung der Silos wurde wie folgt vorgenommen:

Silo 1 mit Vollmais, Schindelmeiser
Silo 2 mit Vollmais, Bernburger Fettmais
Silo 3 mit Vollmais, Wir 25
Silo 4 mit Vollmais, Bankut
Silo 5 mit Restmais, Schindelmeiser
Silo 6 mit Restmais, Schindelmeiser und Luzerne, 3 : 1
Silo 7 mit Restmais, Wir 25 und Rotklee, 2 : 1
Silo 8 mit Restmais, Bankut und Zuckerrübenblatt, 1 : 1
Silo 9 mit Restmais, Bankut und Zuckerrübenblatt, 1 : 2
Silo 10 mit Restmais, Partisanka und Zuckerrübenblatt, 1 : 3
Silo 11 mit Restmais, Part. (Stroh) und Zuckerrübenblatt, 1 : 3
Silo 12 mit Maiskolben
Silo 13 mit Maiskolben und gedämpften Kartoffeln 1 : 1

Der Mais wurde fein gehäckselt, das Einfüllgut fest eingetreten und sofort nach Abschluß der Füllung mit einer Spreuschicht und einer Erdschicht abgedeckt. Die Temperaturkontrolle im Gärfutterstock zeigte zu Beginn des Gärungsverlaufes eine Höchsttemperatur von 26 bis 28° C und blieb später konstant auf etwa 20° C.

Eine andere Möglichkeit der Bilanzierung war mit Hilfe von Netzproben gegeben. Dabei wurde gehäckselter Mais in engmaschige Perlonnetze eingewogen und in verschiedene Schichten des Futterstockes eingefügt. Nach Abschluß der Gärung war die Bestimmung der reinen Gärverluste möglich.

In Auswertung der Bilanzierung der Nährstoffe erfolgte die Bestimmung der Verluste an verdaulichem Rohprotein und Stärkewert bzw. Gesamtnährstoff. Zur Berechnung des Nährwertes von Luzerne, Klee und Rübenblatt dienten die von KELLNER [10] angeführten Verdauungsquotienten. Für Silomais vor der Einsäuerung und für Mais- und Mischsilagen wurden die in eigenen Untersuchungen ermittelten Verdauungsquotienten verwendet [6].

Ergebnisse

Erwartungsgemäß wies das Einfüllgut einen recht unterschiedlichen Gehalt an Trockensubstanz auf. Das Zuckerrübenblatt enthielt 11.1 bis 14,3%, der Vollmais 16,6 bis 27,2%, der Restmais einschließlich Stroh 20,4 bis 35,9% und der Rotklee 44,2% Trockensubstanz.

Die in der Trockensubstanz enthaltenen Nährstoffe sowie der Futterwert des Einfüllgutes sind der Tabelle 1 zu entnehmen. Im Vergleich zum Einfüllgut wiesen die entnommenen Silagen mit 11,9 bis 23,1% einen relativ niederen Trockensubstanzgehalt auf. Ihr Nährstoffgehalt und Futterwert sind der Tabelle 2 zu entnehmen. Der niedere Trockensubstanzgehalt ist im wesentlichen darauf zurückzuführen, daß die Silos nicht überdacht waren.

Tabelle 1. *Nährstoffzusammensetzung und Futterwert des Einfüllgutes zur Durchführung von Silobilanzen*

	Tr.Subst.	In der Trockensubstanz							
		Organ. Substanz	Rohprotein	Rohfett	Rohfaser	N-freie Extr.St.	Rohasche	verd. Rohprotein	Stärkewert/ Ges. Nährstoff
	%	%	%	%	%	%	%	%	
Silo 1, Vollmais	16,65	90,60	7,61	2,56	26,82	53,61	9,40	4,02	55,51
Silo 2, Vollmais	20,71	91,25	7,36	2,93	23,90	57,06	8,75	4,03	57,41
Silo 3, Vollmais	27,18	90,18	6,88	1,80	29,94	51,56	9,82	3,63	53,69
Silo 4, Vollmais	23,70	90,16	8,55	1,20	30,39	50,02	9,84	4,52	52,62
Silo 5, Restmais	20,42	91,72	7,37	1,12	29,55	53,68	8,28	3,83	50,32
Silo 6, Restmais + Luzerne	20,07	89,49	12,26	2,80	29,16	45,27	10,51	7,73	44,58
Silo 7, Restmais	22,73	91,08	8,09	2,56	27,86	52,57	8,92	4,21	51,47
Rotklee	44,17	89,18	17,80	5,05	26,83	39,50	10,82	13,17	56,37
Silo 8, Restmais	21,65	89,75	8,31	1,24	31,38	48,82	10,25	4,32	48,45
Zuckerrübenblatt	13,10	73,87	14,27	2,76	13,67	43,17	26,13	10,70	53,40
Silo 9, Restmais	26,15	87,41	8,78	1,41	34,81	42,41	12,59	4,56	46,28
Zuckerrübenblatt	13,45	84,41	15,89	1,37	11,64	55,51	15,59	11,92	61,95
Silo 10, Restmais	24,74	90,95	7,40	3,36	36,56	43,63	9,05	3,85	50,21
Zuckerrübenblatt	11,12	81,91	15,20	1,28	13,78	51,65	18,09	11,40	59,17
Silo 11, Zuckerrübenblatt	14,33	89,41	13,60	0,89	10,75	64,17	10,59	10,20	66,34
Restmais	35,91	91,06	6,78	4,04	38,06	42,18	8,94	3,52	50,21
Silo 12, Maiskolben	23,66	95,22	8,16	1,78	22,78	62,50	4,78	4,74	53,57
Silo 13, Maiskolben + Kartoffeln	17,41	91,01	10,94	0,92	13,35	65,80	8,99	5,16	68,82

Tabelle 2. *Nährstoffzusammensetzung und Futterwert der Mais- und Mischsilagen bei der Durchführung von Silobilanzen*

	Tr.Subst. %	In der Trockensubstanz: Organ. Substanz %	Rohprotein %	Rohfett %	Rohfaser %	N-freie Extr.St. %	Rohasche %	verd. Rohprotein %	St.W.
Silo 1, Vollmais	15,59	89,48	9,24	3,27	32,84	44,13	10,52	4,88	53,11
Silo 2, Vollmais	17,40	86,26	8,22	2,47	29,94	45,63	13,74	4,34	51,27
Silo 3, Vollmais	16,92	88,83	8,16	1,95	35,40	43,32	11,17	4,31	50,87
Silo 4, Vollmais	17,90	85,25	8,32	2,01	33,07	41,85	14,75	4,39	49,13
Silo 5, Restmais	16,60	88,37	8,55	2,59	32,83	44,40	11,63	4,45	48,57
Silo 6, Restmais + Luzerne	17,90	86,70	12,68	2,68	31,73	39,61	13,30	7,99	37,22
Silo 7, Restmais + Klee	23,08	88,04	11,70	2,86	33,28	40,20	11,96	6,48	41,24
Silo 8, Restmais + Rübenblatt	18,11	84,21	10,66	2,04	29,60	41,91	15,79	6,06	45,18
Silo 9, Restmais + Rübenblatt	17,86	77,27	9,74	1,90	25,31	40,32	22,73	5,84	44,38
Silo 10, Restmais + Rübenblatt	11,94	79,31	10,38	2,01	24,87	42,05	20,69	6,54	48,26
Silo 11, Restmais (Stroh) + Rübenblatt	13,78	79,68	10,16	1,60	27,87	40,05	20,32	5,91	45,03
Silo 12, Maiskolben	18,47	90,31	10,23	2,93	28,80	48,35	9,69	6,83	54,12
Silo 13, Maiskolben + Kartoffeln	22,16	90,25	11,15	3,97	18,14	56,99	9,75	5,26	68,56

Tabelle 3. *Bilanzierung der Nährstoffe und des Futterwertes bei der Herstellung von Mais- und Mischsilagen, Silo — Gesamtbilanz*

			Frisch-substanz	Trocken-substanz	Organ. Substanz	Roh-protein	Roh-fett	Roh-faser	N-freie Extr.St.	Roh-asche	verd. Rohpr.	Stärke-wert
Silo 1, Vollmais,	frisch	kg	5000,00	832,50	754,24	63,35	21,31	223,28	446,30	78,26	33,47	462,12
	Silage	kg	4192,50	653,61	584,85	60,39	21,37	214,64	288,44	68,76	31,90	335,10
	Verlust	kg	807,50	178,89	169,39	2,96	+ 0,06	8,64	157,86	9,50	1,57	127,02
	Verlust	%	**16,15**	**21,49**	**22,46**	**4,67**	+ 0,28	**3,87**	**35,37**	**12,14**	**4,69**	**27,49**
Silo 2, Vollmais,	frisch	kg	4375,00	906,06	826,78	66,69	26,55	216,55	516,99	79,28	36,51	520,17
	Silage	kg	3584,00	623,62	537,93	51,26	15,40	186,71	284,56	85,68	27,06	319,73
	Verlust	kg	791,00	282,44	288,85	15,43	11,15	29,84	232,43	+ 6,40	9,45	200,44
	Verlust	%	**18,08**	**31,17**	**34,94**	**23,14**	**42,00**	**13,78**	**44,96**	**+ 8,07**	**25,88**	**38,53**
Silo 3, Vollmais	frisch	kg	2750,00	607,75	584,07	41,81	10,04	181,96	313,36	59,68	22,06	263,01
	Silage	kg	2700,00	456,84	405,81	37,28	8,91	161,72	197,90	51,03	19,69	232,39
	Verlust	kg	50,00	150,91	142,26	4,53	2,03	20,24	115,46	8,65	2,37	30,62
	Verlust	%	**1,82**	**24,83**	25,96	10,83	**18,56**	**11,12**	**36,84**	**14,49**	**10,74**	**11,64**
Silo 4, Vollmais,	frisch	kg	3304,40	783,14	706,08	66,96	9,40	238,00	391,72	77,06	35,40	412,09
	Silage	kg	3400,19	608,63	518,86	50,64	12,23	201,27	254,72	89,77	26,72	299,02
	Verlust	kg	+ 95,79	174,51	187,22	16,32	+ 2,83	36,73	137,00	+ 12,71	8,68	113,07
	Verlust	%	**+ 2,90**	22,28	**26,52**	**24,37**	**+ 30,11**	**15,43**	**34,97**	**+ 16,49**	**24,52**	**27,44**
Silo 5, Restmais,	frisch	kg	4375,00	893,38	819,41	65,84	10,00	263,99	479,58	73,97	34,22	449,50
	Silage	kg	4228,04	701,85	620,22	60,01	18,18	230,42	311,62	81,62	31,23	340,89
	Verlust	kg	146,96	191,53	199,19	5,83	+ 8,18	33,57	167,96	+ 7,65	2,99	108,61
	Verlust	%	**3,36**	**21,44**	**24,31**	**8,85**	**+ 81,80**	**12,72**	**35,02**	**+ 10,34**	**8,74**	**24,16**
Silo 6, Restmais, + Luzerne	frisch	kg	2900,00	582,03	520,86	71,36	16,29	169,72	263,48	61,17	44,99	259,47
	Silage	kg	2672,90	478,45	414,82	60,67	12,82	151,81	189,52	63,63	38,23	178,08
	Verlust	kg	227,10	103,58	106,04	10,69	3,47	17,91	73,96	+ 2,46	6,76	81,39
	Verlust	%	**7,83**	**17,80**	**20,36**	**14,98**	**21,30**	**10,55**	**28,07**	**+ 4,02**	**15,02**	**31,37**
Silo 7, Restmais, + Rotklee	frisch	kg	2295,00	685,67	618,09	116,42	25,96	187,55	288,16	67,58	59,14	369,47
	Silage	kg	2450,90	565,67	498,02	66,18	16,18	188,25	227,41	67,65	36,65	233,28
	Verlust	kg	+ 155,90	120,00	120,07	50,24	9,78	+ 0,70	60,75	+ 0,07	22,49	136,19
	Verlust	%	**+ 6,79**	**17,50**	**19,42**	**43,15**	**37,67**	**+ 0,37**	**21,08**	**+ 0,10**	**38,03**	**36,86**

Silo 8, Restmais, + Rübenbl.	frisch	kg	3000,00	521,25	436,62	55,03	9,45	128,77	243,37	84,63	35,05	262,27
	Silage	kg	2600,00	470,93	396,57	50,20	9,61	139,40	197,36	74,36	28,54	212,77
	Verlust	kg	399,60	50,32	40,05	4,83	+ 0,16	+ 10,63	46,01	10,27	6,51	49,50
	Verlust	%	**13,32**	**9,65**	**9,17**	**8,78**	**+ 1,69**	**+ 8,26**	**18,90**	**12,14**	**18,57**	**18,87**
Silo 9, Restmais, + Rübenbl.	frisch	kg	3015,00	533,15	457,91	66,03	7,40	122,95	261,53	75,24	44,20	289,11
	Silage	kg	2617,00	467,40	361,16	45,52	8,88	118,30	188,46	106,24	27,30	207,43
	Verlust	kg	398,00	65,75	96,75	20,51	+ 1,48	4,65	73,07	+ 31,00	16,90	81,68
	Verlust	%	**13,20**	**12,33**	**21,13**	**31,06**	**+ 20,00**	**3,78**	**27,94**	**+ 41,20**	**38,24**	**28,25**
Silo 10, Restmais, + Rübenbl.	frisch	kg	3000,00	435,75	373,70	51,76	9,43	102,32	210,19	62,05	35,66	241,20
	Silage	kg	2984,40	356,29	282,57	36,98	7,16	88,61	149,82	73,72	23,30	171,94
	Verlust	kg	16,00	79,46	91,13	14,78	2,27	13,71	60,37	+ 11,67	12,36	69,26
	Verlust	%	**5,33**	**18,24**	**24,38**	**28,55**	**31,70**	**13,40**	**28,72**	**+ 18,81**	**34,66**	**28,71**
Silo 11, Restmais, + Rübenbl.	frisch	kg	1700,00	335,33	302,34	35,20	7,79	77,73	181,62	32,99	24,01	185,46
	Silage	kg	2182,30	300,72	239,61	30,55	4,81	83,81	120,44	61,11	17,77	135,41
	Verlust	kg	+ 482,30	34,61	62,73	4,65	2,98	+ 6,08	61,18	+ 28,12	6,24	50,05
	Verlust	%	**+ 28,37**	**11,51**	**20,75**	**13,21**	**38,25**	**+ 7,82**	**33,68**	**+ 85,24**	**25,98**	**26,91**
Silo 12, Maiskolben,	frisch	kg	800,00	189,28	180,23	15,44	3,37	43,12	118,30	9,05	8,97	101,40
	Silage	kg	647,00	119,50	107,92	12,22	3,50	34,42	57,78	11,58	8,16	64,67
	Verlust	kg	153,00	69,78	72,31	3,22	+ 0,13	8,70	60,52	+ 2,53	0,81	36,73
	Verlust	%	**19,12**	**36,87**	**40,12**	**20,85**	**+ 3,85**	**20,18**	**51,16**	**27,96**	**9,03**	**36,22** x)
Silo 13, Maiskolben, +Kartoffeln,	frisch	kg	2500,00	435,25	396,12	47,62	4,00	58,10	286,40	39,13	22,46	299,54
	Silage	kg	1749,00	387,58	349,79	43,22	15,39	70,31	220,87	37,79	20,39	265,72
	Verlust	kg	751,00	47,67	46,33	4,40	+ 11,39	+ 12,21	65,53	1,34	2,07	33,82
	Verlust	%	**30,04**	**10,95**	**11,70**	**9,24**	**(+ 285)**	**+ 21,02**	**22,88**	**3,42**	**9,22**	**11,29** x)
Durchschnittl. Verluste		%	**6,94**	**19,70**	**23,17**	**18,59**	**7,64**	**5,61**	**32,28**	**+ 13,11**	**20,26**	**26,75**

Anm.: +) Gesamtnährstoff

Bei der Durchführung der Silobilanzierung (s. Tabelle 3) zeigte es sich, daß dadurch die beim *Frischmaterial* gewonnenen Ergebnisse großen Schwankungen unterlegen waren. Teilweise erfolgte nämlich eine Anreicherung der Frischmasse durch Niederschläge, was z. B. im Silo 7 zu einer Zunahme um etwa 7% führte, während andererseits Maximalverluste bis zu 30% Frischmasse wie im Silo 13 zu verzeichnen waren. Diese hohen Verluste lassen schlußfolgern, daß erhebliche Mengen Sickersaft abgeflossen sind.

Im allgemeinen ist zu sagen, daß Verlustmessungen am Frischmaterial in nicht-überdachten Silos nur eine bedingte Gültigkeit besitzen.

Einen genauen Einblick gestatten die Verlustmessungen an Trockensubstanz und organischer Substanz.

Bei den vorliegenden Untersuchungen lagen die Verluste an *Trockensubstanz* zwischen 9,6 und 36,9%. Dabei lagen die bei Restmais-Rübenblattsilagen ermittelten Trockensubstanzverluste zwischen 9,6 und 18,2%. Es zeigte sich die Tendenz, daß mit höherem Blattanteil höhere Verluste auftraten. Bei der Silierung von Restmais und Klee oder Luzerne gingen etwa 17,5 bzw. 17,8% Trockensubstanz verloren. Bei Rest- und Vollmaissilagen lag dieser Schwankungsbereich zwischen 21,4 und 31,2%. Mit 36,9% lagen bei Maiskolben die größten Verluste vor.

Diese Tendenz ergab sich auch bei der Bilanzierung der *organischen* Substanz mit ihren Verlusten zwischen 9,2 und 40,1%.

Im allgemeinen lagen hier die Verluste etwas höher als bei der Trockensubstanz. So betrugen sie beispielsweise bei Restmais-Blatt-Silagen 9,2 bis 24,4% und im extremen Falle bei Maiskolbensilage 40,1%. Die Ursache hierfür konnte im Wesentlichen auf eine Erhöhung des Rohaschenanteiles infolge Verschmutzung durch die Erdabdeckung zurückgeführt werden.

Noch größere Verlustschwankungen traten bei der Bilanzierung des *Rohproteins* auf. Das traf auch für die einzelnen Silagearten zu. So lagen die Verluste bei Rest- und Vollmaissilagen zwischen 4,7 und 27,4% und bei Mischsilagen aus Restmais und Rübenblatt zwischen 8,8 und 31,1%. In diesem Falle traten die größten Verluste mit 43,2% bei der kombinierten Silierung von Restmais und Klee auf.

Bei *Rohfett* erweiterte sich der Schwankungsbereich noch bedeutend. Mit Ausnahme des im Silo 13 vorliegenden extremen Bilanzwertes lagen Bilanzwerte zwischen − 42,0 und + 81,8% vor. Diese große Differenzierung ist vor allem auf die Schwierigkeit der Bestimmung aller zur Gruppe der Rohfette gehörenden Substanzen sowie auf den geringen Rohfettgehalt der verwendeten Futtermittel zurückzuführen. Geringe Schwankungen bei der Fettanalyse haben sich sehr auf die zu bilanzierende absolute Fettmenge ausgewirkt.

Bei der Bilanzierung der *Rohfaser* ergab sich in gewissem Umfang eine ähnliche Situation. So traten in den Silos 7, 8, 11 und 13 positive Rohfaserbilanzen zwischen 0,4 und 21,0% auf. Während jedoch eine positive Fettbilanz noch möglich ist, da während des Gärungsverlaufes dem Fettabbau die Bildung von niederen Fettsäuren, insbesondere Milchsäure, und somit eine Fettanreicherung gegenübersteht, ist eine Zunahme an Rohfaser nicht möglich und kann in Analysenfehlern zu suchen sein.

Die in den übrigen 9 Silos gefundenen Rohfaserverluste lagen zwischen 3,8 und 20,2%. Bei Voll- und Restmaissilagen schwankten die Verluste zwischen 3,9 und 15,4% und bei Restmais-Blatt-Silagen zwischen 3,8 und 13,4%. Die höchsten Verluste wies mit 20,2% die Silage aus Maiskolben auf.

Von allen Nährstoffen traten erwartungsgemäß bei den N-freien Extraktstoffen die höchsten Verluste auf. Dieser Befund läßt sich damit erklären, daß für die Mikroorganismen des Futterstockes die leicht vergärbaren Kohlenhydrate als Nährquelle dienen. Bekanntlich steigt die Zahl der Mikroorganismen insbesondere in den ersten Tagen der Vergärung schnell an. So wurden beispielsweise von ORTH und Mitarbeitern[13] bei mikrobiologischen Messungen bereits drei Tage nach Füllung der Silos 10^7 bis 10^9 Keime je g Frischsubstanz gefunden.

Die entstandenen Verluste an N-freien Extraktstoffen lagen zwischen 18,9 und 51,2%. Im einzelnen traten bei den Restmais-Blatt-Silagen Verluste von 18,9 bis 33,7% auf. Mit steigendem Blattanteil erhöhten sich die Verluste. Die bei den Mischsilagen aus Restmais und Leguminosen aufgetretenen Verluste hielten sich mit 21,1% und 28,1% im mittleren Bereich. Von den mit Rest- und Vollmais eingefüllten N-freien Extraktstoffen gingen 35,0 bis 45,0% verloren. Schließlich stiegen die Verluste bei der Maiskolbensilage bis auf 51,2%.

Ähnlich wie beim Rohfett ergaben sich bei der Bilanzierung der *Rohasche* Werte in einem weiten Schwankungsbereich. Wie bereits im Zusammenhang mit den Verlusten an organischer Substanz behandelt, sind positive Rohaschebilanzen mit Abnahme des Schmutzanteiles bei der Silofüllung bzw. mit dessen Zunahme bei der Silageentnahme infolge der Erdabdeckung des Futterstockes erklärbar. Weiterhin wirkten sich wie beim Rohfett ein niederer Gehalt und dadurch relativ kleine absolute Mengen an Rohasche ungünstig auf die Bilanzierung aus. Die Bilanzwerte lagen zwischen − 14,5% und + 85,2%. Positive Bilanzen traten mit + 18,8 bis 85,2% insbesondere bei Verwendung von Rübenblatt als Mischkomponente auf, obwohl es sofort nach der Ernte abgefahren wurde.

Die im vorangegangen mitgeteilten Nährstoffverluste führten zu Verlusten an verdaulichem Rohprotein und Stärkewert bzw. Gesamtnährstoff.

Die Verluste an *verdaulichem Rohprotein* lagen zwischen 4,7 und 38,2%. Dieser Schwankungsbereich entsprach etwa dem des Rohproteins mit 4,7 bis 43,2%. Vom Rest- und Vollmais gingen 4,7 bis 25,9% des verdaulichen Rohproteins verloren. Bemerkenswert waren die mit 9,0 und 9,2% gefundenen niederen Verluste bei den Maiskolben- bzw. Maiskolben-Kartoffel-Silagen für die Schweinefütterung.

Bei den Restmais-Leguminosen-Silagen gab es wie bei der Rohproteinbilanz ein indifferentes Bild, da bei Verwendung von Luzerne als Mischkomponente 15,0 und von Rotklee 38,0% des verdaulichen Rohproteins verloren gingen. Die Verluste bei den Restmais-Rübenblatt-Silagen betrugen 18,6 bis 38,2%, wobei

Tabelle 4. *Bilanzierung der Nährstoffe bei der Herstellung von Maissilagen, Netzproben*

Futter		Frisch-Substanz	Trocken-Substanz	Organ. Substanz	Rohprotein	Rohfett	Rohfaser	N.-freie Extr.St.	Rohasche
Vollmais, frisch	g	5000	1715,00	1654,76	156,40	73,32	199,74	1255,30	58,24
Silage	g	4690	1130,29	1055,24	120,58	40,12	280,54	614,20	75,05
Verlust	g	310	582,71	599.52	36,02	33,20	+80,80	611,10	+16,81
Verlust	%	6,20	34,02	36,23	23,03	45,28	+40,45	49,87	+28,86
Vollmais, frisch	g	6300	1907,01	1808,80	175,25	62,36	370,15	1201,04	98,21
Silage	g	6165	1794,63	1618,04	173,54	45,58	402,54	996,38	176,59
Verlust	g	135	112,38	190,76	1,71	16,78	+32,39	204,66	+78,38
Verlust	%	2,14	5,89	10,55	0,98	26,91	+ 8,75	17,04	+79,81
Vollmais, frisch	g	7350	2224,84	2110,26	204,46	72,75	431,84	1401,21	114,58
Silage	g	6442	1788,30	1642,38	182,58	62,23	430,44	967,13	145,92
Verlust	g	908	436,54	467,88	21,88	10,52	1,40	434,08	+31,34
Verlust	%	12,35	19,62	22,17	10,70	14,46	0,32	30,98	+27,35
Vollmais, frisch	g	5500	2246,75	2174,18	239,28	100,88	222,43	1611,59	72,57
Silage	g	5512	1860,85	1772,46	188,88	64,01	339,05	1180,52	88,39
Verlust	g	+12	385,90	401,72	50,40	36,87	+116,62	431,07	+15,82
Verlust	%	+ 0,22	17,18	18,48	21,06	36,55	+ 52,43	26,75	+21,80
Vollmais, frisch	g	6400	2049,28	1968,13	134,02	25,62	440,18	1368,31	81,15
Silage	g	5270	1404,46	1291,26	121,20	58,99	327,52	783,55	113,20
Verlust	g	1130	644,82	676,87	12,82	+33,37	112,66	584,76	+32,05
Verlust	%	17,66	31,46	34,39	9,56	+130,25	25,59	42,74	+39,45
Durchschnitt	%	7,63	21,63	24,36	13,07	1,41	15,14	33,48	

für die Silage mit einem Mischungsverhältnis von 1 : 2 der Maximalwert ermittelt wurde.

Bei der Ermittlung der Verluste an *Stärkewert* bzw. *Gesamtnährstoff* konnte in gewissem Umfange eine Parallelität zu den Verlusten an N-freien Extraktstoffen gefunden werden, da erstere zwischen 11,6 und 38,5% und bei den N-freien Extraktstoffen zwischen 18,9 und 51,2% lagen. Bei Voll- und Restmais betrugen sie 11,6 bis 38,5%. In engeren Grenzen lagen sie mit 18,9 bis 28,7% bei den Restmais-Blatt-Silagen, wobei mit erhöhtem Blattanteil wiederum ein Verlustanstieg feststellbar war. Hohe Futterwertverluste traten bei der Maiskolbensilage auf, da hier bis zu 36,2% des eingefüllten Gesamtnährstoffes verloren gingen. Im Vergleich dazu konnten durch Mischsilierung von Kolben und Kartoffeln die Verluste auf 11,3% gesenkt werden.

Ein Vergleich der bei der Gesamtbilanzierung gefundenen Werte mit denjenigen bei Verwendung von Netzproben lassen eine Parallelität erkennen (s. Tabelle 4). Danach lagen bei der Einsäuerung von Vollmais beispielsweise die für die Frischsubstanz gefundenen Werte zwischen + 0,2 und 17,7% und die Verluste an Trockensubstanz zwischen 5,9 und 34,0%, an organischer Substanz zwischen 10,6 und 36,2%, an Rohprotein zwischen 1,0 und 23,0% und an N-freien Extraktstoffen zwischen 17,0 und 49,9%.

Auswertung

Bevor die gefundenen Ergebnisse zu vergleichenden Betrachtungen herangezogen werden sollen, sei darauf hingewiesen, daß die in Kleinsilos gefundenen Ergebnisse nicht in jedem Falle ein klares Bild über die in Großsilos vorliegenden Verhältnisse geben. So betrugen nach RICHTER und OSLAGE [14] beispielsweise bei der Silierung von Kartoffeln die Verluste an organischer Substanz in Großsilos 17 bis 26% und in Kleinsilos mit einer Kapazität von 1 dt 3 bis 11%. Vergleichbare Ergebnisse in beiden Siloformen wurden von ALLRED und KENNEDY[1] erst dann erzielt, wenn die Kleinsilos mit Druckfedern zur Erzielung gleicher Druckverhältnisse wie bei den großen Behältern versehen worden waren. Die Trockensubstanzverluste betrugen dann in Kleinsilos 21 % und in Großsilos 19%.

Übereinstimmende Ergebnisse mit Gesamtbilanzen in Großsilos wurden mit der sog. „buried-bag-Methode“ mit futtergefüllten Säcken oder Netzen erzielt, die in die Silos eingelagert waren. Nach ALLRED und Mitarbeiter [2] lagen die Trockensubstanzverluste nach der Gesamtbilanzmethode bei 28% und nach der buried-bag-Methode bei 30%.

Im Folgenden sollen neben den Ergebnissen nach der Gesamtbilanz-Methode in Großsilos auch diejenigen nach den beiden oben genannten Methoden, sowohl nach der Kleinsilo-Gesamtbilanzmethode (KB-Methode) als auch nach der „buried-bag-Methode“ (Kurzbez. BB-Methode) mit herangezogen werden.

Nach den vorliegenden Untersuchungen gingen von der eingewogenen *Futtertrockenmasse* in 13 Silos durchschnittlich 19,7% (9,6 bis 36,9%) und in den Netzen 21,6% (5,9 bis 34,0%) verloren.

In Ergänzung der bereits oben angegebenen Trockensubstanzverluste [1, 2] wurden von FENSE [7] bei 107 Silobilanzen an Gräsern, Luzerne und Wicken Trockensubstanzverluste von 0 bis über 40% beobachtet, wobei sie in 32 Silos 10 bis 20% und in 34 Silos 20 bis 30% betrugen (KB-Methode). Der gleiche Autor [8] ermittelte bei der Silierung von Rübsen einen Trockensubstanzverlust von 36% (KB-Methode). Die von BRATZLER [5] und MURDOCK [11] bei der Herstellung von Gras- bzw. Gras-Luzerne-Silagen ermittelten Trockensubstanzverluste lagen zwischen 8,9 und 27,8%. Der Zusatz von Natriummetabisulfit u. a. führte hierbei zu Verlustsenkungen. ORTH und Mitarbeiter [13] konnten bei Einsäuerung von Landsberger Gemenge die Trockensubstanzverluste von 36,7% bei sofortiger Erfüllung auf 23% bei Anwelken des Einfüllgutes senken. Die von BERGNER [4] ermittelten Trockensubstanzverluste unter Verwendung von Perlon-Netzsäcken betrugen bei der Maissilierung in Erdmieten bis zu 20%. Bemerkenswert sind in diesem Zusammenhang noch die von GALENSE [9] an Zuckerrübenblatt ermittelten Silier-Trockensubstanzverluste, die in festen Behältern 19,8% und in Freigärhaufen 39,4% betrugen.

Bei Bilanzierung der *organischen Substanz* wurde in den vorliegenden Untersuchungen ein Durchschnittswert von 23,2% (9,2 bis 40,1%) und in Netzproben von durchschnittlich 24,4% (10,6 bis 36,2%) gefunden. Von NEHRING und Mitarbeitern[12] wurden bei der Silierung von Silomais im Stadium der Milch- bzw. Milch-Wachsreife in Massivsilos, die jeweils mit 20 dt Grünmais gefüllt worden waren, Verluste an organischer Substanz in Höhe von 4,1 bis 21,2% gefunden. Bei Verwendung von Grünmais stiegen die Verluste bis auf 29,0%.

Von der mit einem Klee-Gras-Gemisch in Turm- und Flachsilos eingefüllten organischen Substanz gingen nach ANDERSON [3] im Durchschnitt 22,5 bis 29,2% und bei Verwendung von Sicherungszusätzen etwa 20% verloren. Weitere Untersuchungen mit Mais und Kartoffeln führten zu Verlusten an organischer Substanz in Höhe von 17,4 bis 26,2% [4, 14].

Die Verluste an *Rohprotein* betrugen bei den eigenen Untersuchungen im Durchschnitt 18,6% (4,7 bis 43,2%). Die Netzproben führten zu einem Mittelwert von 13,1% (1,0 bis 23,0%). Die oben angeführten Autoren [3, 4, 5, 8, 11, 12, 13] fanden Rohproteinverluste zwischen 0,6 und 37,0%, die mit den vorliegenden Ergebnissen vergleichbar sind.

Das Gleiche traf für die Verluste an *N-freien Extraktstoffen* zu. In den 13 Massivsilos gingen im Durchschnitt 32,3% der N-freien Extraktstoffe verloren, wobei der Schwankungsbereich zwischen 18,9 und 51,2% lag. In der Literatur werden hierüber Verluste von 13 bis 54% angegeben [4, 8, 12, 13]. In diesem Bereich lagen mit 17,0 bis 50% auch die mit den Netzproben ermittelten Verlustwerte.

Für die übrigen Nährstoffe konnten nach dem Bilanzverfahren ein durchschnittlicher Verlust von 7,6% Rohfett und 5,6% Rohfaser sowie ein Bilanzwert von + 13,1% Rohasche ermittelt werden. Es wurde jedoch darauf hingewiesen, daß diesen Werten positive und negative Bilanzwerte in einem großen Schwankungsbereich zugrunde lagen, so daß diesen Mittelwerten nur eine bedingte Gültigkeit zuzumessen ist. Auf die Ursachen wurde bereits eingegangen. In diesem Zusammenhang sei auf die von BERGNER [4] u. a. gefundenen Bilanzwerte hingewiesen, die für Rohfett zwischen − 20 und über + 100%, für Rohfaser zwischen − 40,8 und + 20,5% und für Rohasche zwischen − 27,3 und über + 100% lagen (BB-Methode).

In Auswertung der Rohnährstoffbilanzen ergaben sich in den 13 Massiv-Silos ein durchschnittlicher Verlust von 20,3% des verdaulichen Rohproteins und von 26,8% des im Einfüllgut enthaltenen Stärkewertes bzw. Gesamtnährstoffes.

Diese Ergebnisse zeigen, daß bei der exakten Futterplanung im landwirtschaftlichen Betrieb in jedem Fall Silierungsverluste Berücksichtigung finden müssen. Nur so ist es möglich, nach Ermittlung des Silagebedarfes des Viehbestandes in der Winter- und Sommerfütterung zur Deckung dieses Bedarfes eine genaue Planung für die Futtererzeugung durchzuführen.

Zusammenfassung

In Massivsilos mit einem Fassungsvermögen von jeweils 7,5 m^3 wurden Nährstoff- und Futterwertbilanzen durchgeführt, indem Einfüllgut und Silagen einer Wägung und Analyse unterzogen wurden. Nährstoffbilanzen anhand von Netzproben, die in die Silos eingelagert wurden, führten zu vergleichbaren Werten.

Zur Einsäuerung gelangten Vollmais, Restmais, Maiskolben sowie Mischungen von Restmais und Luzerne, Klee und Zuckerrübenblatt und eine Mischung von Maiskolben und Kartoffeln.

Nach der Gesamtbilanz-Methode gingen bei der Silierung im Durchschnitt 19,7% der eingefüllten Futtertrockensubstanz und 23,2% der organischen Substanz verloren. Die Verluste an Rohprotein betrugen 18,6% und an N-freien Extraktstoffen 32,3%.

Bei der Bilanzierung von Rohfett, -faser und -asche traten zum Teil positive Bilanzwerte auf. Die Ursachen hierfür wurden behandelt. Die durchschnittlichen Verluste lagen bei 7,6% Rohfett und 5,6% Rohfaser. Auf der Grundlage dieser Rohnährstoffbilanzen wurden bei der Silierung Verluste von rund 20% des verdaulichen Rohproteins und 27% des im Einfüllgut enthaltenen Stärkewertes bzw. Gesamtnährstoffes gefunden.

Literaturverzeichnis

[1] ALLRED, K. R., KENNEDY, W. K.: The use of small silos to determine drymatter losses during ensiling, Agrom. J. 48, 308, 1956.

[2] ALLRED, K. R., KENNEDY, W. K., WITTWER, L. L.: Effects of preservatives upon red clover and grass forage ensiled without wilting , Agr. Exp. Stat. Ithaca, Bul. 912, 1955.

[3] ANDERSON, Y.: Silieren im Flachsilo und im Hochsilo mit gehäckseltem und ungehäckseltem Futter, Futterkonservierung, 2/3, 57, 1960.

[4] BERGNER, H., BREUNIG, W., KORIATH, H., LENNERTS, L.: Maissilierung in Feld-Erdmieten, Nährstoffverluste, Qualität und Verdaulichkeit der Silage, Archiv für Tierernährung, 11, 1, 1961.

[5] BRATZLER, I. W., COWAN, R. L., SWIFT, R. W.: Grass silage preservation with sodiummetabisulfit, J. Anim. Sci., 15, 163, 1956.

[6] COLUMBUS, A., JAHN, S., ZAUSCH, M., HARNISCH, W.: Untersuchungen über den Futterwert von Mais- und Mischsilagen beim Einsatz an Wiederkäuer und Schweine, Jahrbuch der Arbeitsgem. f. Fütterungsber., 2, 374, 1958/59.

[7] FENSE, H.: Verluste bei der Futterkonservierung, Futter und Fütterung, 4, 29, 1961.

[8] FENSE, H.: Versuchsbericht über die Gärverluste in Abhängigkeit von der Lagerung, Futterkonservierung, 1, 20, 1959.

[9] GALENSE, F.: Über den Einfluß unterschiedlicher Konservierungsverluste auf die Wirtschaftlichkeit futterbaustarker Betriebe, Futterkonservierung, 112, 31, 1958.

[10] KELLNER, O.: Grundzüge der Fütterungslehre, Parey-Verlag, Hamburg-Berlin, 1959.
[11] MURDOCK, J. C., HOLDSWORTH, M. C., WOOD, M.: The chemical composition and loss of nutrients in silage made with the addition of sodium metabisulphite halogenated acetate of glycol, .J. Brit. Grassland Soc. 11, 16, 1956.
[12] NEHRING, K., HOFFMANN, M.: Der Einfluß des Vegetationsstadiums auf die Gärverluste bei der Maiseinsäuerung, Deutsche Landwirtschaft, 9, 441, 1960.
[13] ORTH, A., KAUFMANN, W., KOCH, G.: Mikrobiologische und chemische Untersuchungen zur Frage des Gärverlaufes bei Anwelksilage, Futterkonservierung, 1, 1, 1960.
[14] RICHTER, K., OSLAGE, H. J.: Über die Nährstoffverluste bei der Kartoffeleinsäuerung, Futterkonservierung, 2/3, 63, 1960.

Eingegangen am 18. 5. 1961

Aus dem Institut für Tierzucht und Tierfütterung der Universität Bonn
(Direktor: Prof. Dr. H. HAVERMANN)

W. HARTFIEL

Zur Bewertung von Futtermitteln im Tierversuch mit Hühnern *)

II. Mitteilung

Energie- und Kohlenstoffbestimmungen in frischen und unterschiedlich getrockneten Exkrementen bei Verwendung von nassem Ausgangsmaterial

Die Auswertung von Respirationsversuchen zur Berechnung der Nettoenergie von Futterstoffen kann auf zwei Wegen erfolgen, einmal über die Stoff- und zum anderen über die Energiebilanz. Zur Durchführung der beiden genannten Berechnungen ist eine exakte Bestimmung des Energie- und Kohlenstoffgehaltes des verabfolgten Futters und der Exkremente von größter Bedeutung.

Die eigentliche Ausführung der Calorien- wie auch Kohlenstoff-Analysen bereitet im allgemeinen keine größeren Schwierigkeiten, so daß bei Verwendung von trockenen, homogenen Substanzen und sorgfältiger Ausführung der Arbeitsvorgänge die z. B. von MØLLGAARD [9] oder SCHIEMANN [11] angegebenen Schwankungsbreiten zwischen zwei Analysenergebnissen eingehalten werden können.

Die einfachste Möglichkeit zur Untersuchung von Exkrementen auf ihren Energie- und Kohlenstoffgehalt ist mit getrocknetem und fein vermahlenem Kot zu arbeiten. Jedoch treten bei der Trocknung parallel zur Wasserverdunstung Verluste an Stick- und Kohlenstoff [6, 13] auf, die sich weder bei vorsichtiger Wärmebehandlung noch im Vakuumschrank unterbinden lassen. ZAITSCHEK [14] gibt folgende Durchschnittszahlen für den N-Verlust bei der Trocknung von Kot der verschiedenen Tiere an:

Ochse	2,52%	N
Schwein	2,88%	N
Huhn	12,64%	N

In seinem Handbuch schreibt MANGOLD [8] über die Verarbeitung von Exkrementen: „Auch die Trocknung des Kotes unter Säurezusatz oder im Vakuum ist bei sehr genauen Versuchen deshalb nicht brauchbar, weil auch bei diesen Methoden ein, wenn auch geringerer, N-Verlust auftritt. Bei derartigen Untersuchungen wird man also unbedingt die Analyse in möglichst vielen Proben des frischen Kotes fordern müssen.“

*) Ausgeführt mit Unterstützung des Ministeriums für Ernährung, Landwirtschaft und Forsten des Landes Nordrhein-Westfalen.

Die Verwendung von frischen, durch Tiefgefrieren konservierten Exkrementen hat sich nach den von uns gesammelten Erfahrungen sehr gut bewährt. Einzelheiten der Vorzüge sollen hier nicht näher besprochen werden, da sie schon in einer früheren Arbeit [7] mitgeteilt worden sind. Anders ist es jedoch bei der Durchführung der Calorien- und Kohlenstoffbestimmung, da die Verbrennung von nassen Substanzen nicht ohne gewisse Komplikationen verläuft.

Bisherige Untersuchungen über die Calorienbestimmung

Bei der Energie-Bestimmung bereiten nasse Exkremente erhebliche Schwierigkeiten, da eine Verbrennung in diesem Zustande nicht möglich ist. COLOVOS, KEENER und DAVIS [2] sowie FLATT [5] versuchten daher auf einem Umweg zum Ziele zu gelangen, in dem sie einen leicht entzünd- und brennbaren Stoff von hohem Energiegehalt – Äthylalkohol – den Fäces zumischten. Ein Vergleich der von den genannten Autoren erzielten Analysenresultate frischer Proben mit denen von ofengetrocknetem Kot ergab bis zu 20,9% höhere Calorienwerte für die nassen Proben.

BRATZLER und SWIFT [1] verglichen die Ergebnisse der Energiebestimmung in frischem Material mit den bei 65° C über 22 Stunden im Ofen getrockneten. Zur Durchführung der nassen Verbrennung setzten sie den Proben einmal 95%igen Äthylalkohol und zum anderen Benzoesäure zu. Die Ergebnisse zeigten, daß die größeren Calorien-Werte im Gegensatz zu den Angaben der früher genannten Autoren [2, 5] bei den getrockneten Proben erzielt wurden. Die Verbrennung unter Zusatz von Benzoesäure ermittelte etwas geringere und die mit Äthylalkohol bedeutend niedrigere Energiegehalte. BRATZLER und SWIFT schließen daraus, daß die Trocknung bei 65° C nur unbedeutende Energieverluste bewirkt.

Im gleichen Jahr berichtete FENNER [4] über Energiebestimmungen in frischem und getrocknetem Rinderkot. An Stelle von Äthylalkohol und Benzoesäure verwendete er Dimethylformamid als Zusatzmittel, das zweifellos einige Vorteile gegenüber den anderen Verbrennungssubstanzen aufweist. FENNER vergleicht die nasse Verbrennung mit der von trockengefrorenem und ofengetrocknetem Kot. Den höchsten Energiegehalt fand er bei trockengefrorenem Kot.

Für die naß verbrannten Substanzen liegen die Resultate zum Teil über oder unter denen der ofengetrockneten. Diese Unterschiede beruhen auf der Anwendung von drei unterschiedlich bestimmten Wasserwerten des frischen Kotes, die durch eine Toluol-, Gefrier bzw. Ofentrocknung erhalten worden sind.

Übersicht 1. *Der Energiegehalt von frischem und auf zweierlei Weise getrocknetem Rinderkot nach* FENNER [4]

trockengefrorener Kot cal/g	ofengetrockneter Kot cal/g	frischer Kot cal/g	Art der Wasserbestimmung
∅ 4976,9	∅ 4915,7	∅ 4954,7	Toluoltrocknung
		∅ 4885,6	Gefriertrocknung
		∅ 4761,2	Ofentrocknuug

In der Besprechung seiner Versuchsergebnisse schreibt FENNER, daß der wirkliche Wert für den Energiegehalt von 1 g Trockensubstanz des Kotes zwischen dem des ofengetrockneten und dem des frischen Kotes liegt. Den höheren Wert von trockengefrorenem Kot führt er darauf zurück, daß der Verlust von flüchtiger, organischer Substanz von geringerem Energiewert während der Trocknung ein Ansteigen des Energiegehaltes pro Gramm getrockneten Kotes zur Folge hat.

Die von FENNER angeführte Theorie kann natürlich von Einfluß auf die Versuchsergebnisse sein. Daraus jedoch den Schluß zu ziehen, daß die höheren Werte des Kotes der Gefriertrocknung nicht richtig sein können, ist vielleicht eine nicht ganz begründete Schlußfolgerung. Überhaupt ist ein Vergleich auf diese Weise immer mit Ungenauigkeiten verbunden, da die verschiedenen Trockensubstanzbestimmungen in nassem und lufttrockenem Material selbst bei größtmöglicher Sorgfalt immer Differenzen ergeben und somit leicht Fehler verursachen. FENNER faßt diese Unsicherheit in dem Satz zusammen: „Da bisher noch keine Methode im allgemeinen Gebrauch ist, die die organischen, flüchtigen Bestandteile von der Bestimmung als Wasser ausschließt, die aber notwendig ist für einen exakten Vergleich des Energiewertes im frischen und getrockneten Kot, so ist ein genauer Beweis in dieser Form nicht möglich."

Versuchsmethodik

Bei unseren Untersuchungen unter Verwendung von frischen, durch Tiefgefrieren konservierten Exkrementen, sind wir davon ausgegangen, daß nur eine einmalige Wasserbestimmung von den direkt zur Einwaage gelangenden nassen Ausscheidungen – die weitgehenst zu standardisieren ist – die geringsten Fehler bewirkt und gleichzeitig exakte Bestimmungs- und Vergleichsmöglichkeiten ergibt.

Leider mußten wir nach den ersten Versuchen feststellen, daß sich frisch in die Verbrennungsschälchen gegebener und anschließend getrockneter Kot nicht vollständig verbrennen läßt, da ein Teil der Exkremente beim Trocknen an den Wandungen hängen bleibt. Alle Bemühungen, diese Reste durch Zusätze exakt zur Verbrennung zu führen, scheiterten.

Wir haben daraufhin den Versuch unternommen, den Kot in Papier zu verpacken, so zu trocknen und dann zu verbrennen. Die bei diesen Untersuchungen auftretenden Schwierigkeiten waren durch das Papier gegeben. Es mußte ein Material verwendet werden, daß einmal sehr leicht verascht und zum anderen je Gewichtseinheit den gleichen Calorienwert besitzt. Ein Muster, das diesen Bedingungen entspricht, ist ein Zigarettenpapier mit der Bezeichnung „R I", das uns freundlicher Weise von den Papierfabriken J. GLATZ zur Verfügung gestellt wurde.

Die verwendeten Bogen haben eine Größe von 125 × 95 mm. Um die Kotprobe darin unterzubringen, wird das Blatt zunächst der Länge nach und dann in der Breite zusammengefaltet. Die zwei Außenränder des Papieres werden anschließend mit einer Rendelmaschine zusammengefalzt, so daß zum Schluß eine doppelwandige Tüte von einem Ausmaß von 60 × 45 mm vorliegt.

Nachdem das Gewicht bestimmt ist, wird die nasse Kotprobe vorsichtig mit einem Mikro-Löffel in die Tüte eingefüllt und an einer Klammer hängend gewogen und auch getrocknet.

Es ist jedoch darauf zu achten, daß der Kot nicht zu naß ist (15–20% Trockensubstanz), da sonst Feuchtigkeit heraustropfen kann. Die Einwaage der Proben wird immer von zwei Personen vorgenommen, um die Wasserverdunstung auf ein Minimum zu begrenzen. Nachprüfungen haben ergeben, daß die auftretenden Gewichtsverluste so gering sind, daß sie ohne weiteres vernachlässigt werden können.

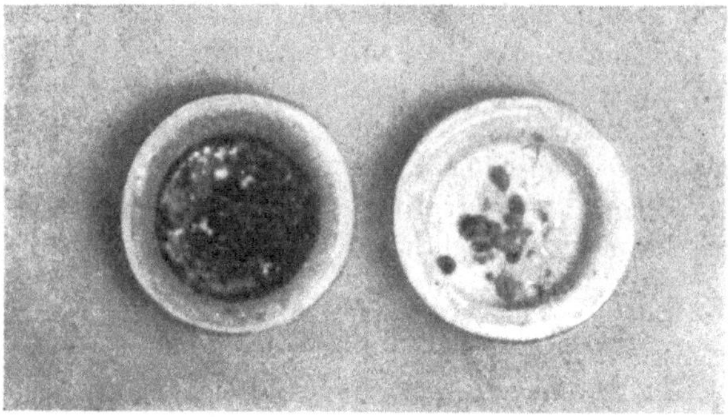

Abb. 1. Verbrennungsschalen

Die Exkremente backen während der Trocknung – je nach Trocknungsart – entweder zu einer harten (Luft- und Ofentrocknung) oder mehr pulverförmigen (Gefriertrocknung) Masse zusammen, die ohne Schwierigkeiten gezündet werden kann. Bei unseren ersten vergleichenden Untersuchungen stellten wir jedoch fest, daß die Verbrennung vollständiger verläuft und die Analysenergebnisse höher liegen, wenn der Kot mit der Papiertüte in der Presse zu einer Pille geformt wird (Abb. 1).

Übersicht 2. *Vergleich zwischen ungepreßter und gepreßter Kotprobe nach einer Trocknung im Luftstrom*

ungepreßt cal/g	gepreßt cal/g
4238	4284
4301	4286
4273	4295
Ø 4271 ± 18,23	Ø 4288 ± 4,26
m% 0,43	m% 0,10

Um das quantitative Einbringen der Probe in die Presse zu erleichtern, haben wir die Bohrung bei unserer Presse von 12 auf 14 mm erweitern lassen. Als günstig hat sich erwiesen, wenn man von einer Seite der Tüte, in der kein Kot enthalten ist, zwei kleine Stücke abreißt. Den einen Zipfel bringt man als Abdeckung vor der Probe in die Form und den anderen als Abschluß auf die Probe. Der Kot selbst muß in Teilstücken oder gerollt eingeführt werden.

Die Verbrennung der auf diese Weise vorbereiteten Pillen verlief sehr zufriedenstellend, obwohl die Werte im Differenzverfahren errechnet werden, das leicht kleinere Fehler ermöglicht. Den Calorien-Gehalt des Papieres haben wir durch die Verbrennung von ungefähr 0,8–1,1 g Benzoesäure mit einem Bogen von den angegebenen Ausmaßen (ungefähr 250 mg) bestimmt und einen Wert von 2480 cal/g erhalten.

Wir haben nun 4 verschiedene Trocknungsarten bei unseren Versuchsserien durchgeführt und miteinander verglichen. Die Trocknung im Luftstrom erfolgt mit Hilfe einer Klimatruhe, deren Heizaggregat nicht eingeschaltet war. In Ermangelung einer Gefriertrocknungsanlage wurden die Proben an Klammern eines Gestelles hängend zunächst in der Gefriertruhe auf – 18° C eingefroren (Abb. 2).

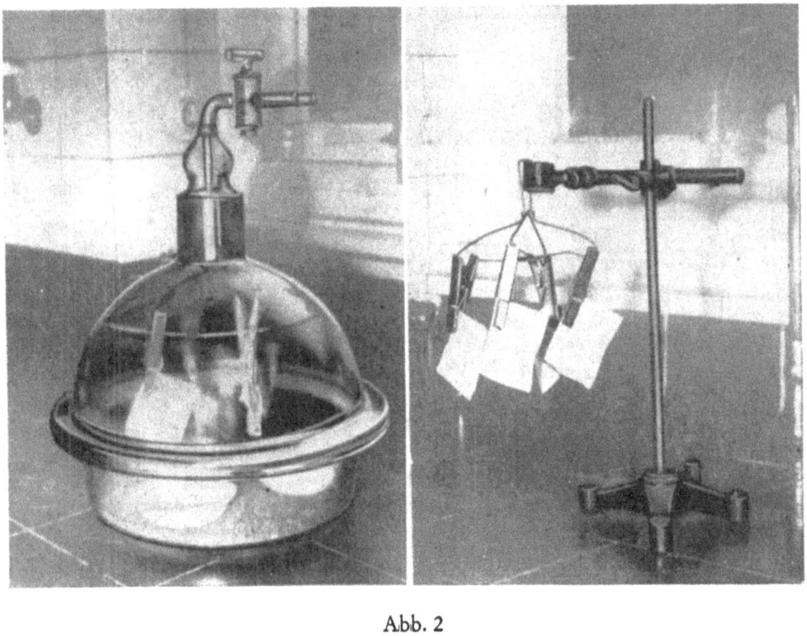

Abb. 2

Den Vakuumexsikkator, der eine Schicht Blaugel und zwei Schalen mit Phosphorpentoxyd enthielt, stellten wir zum Erkalten hinzu. Nachdem der Kot die gewünschte Temperatur erreicht hatte, brachten wir den Drahtkranz mit den Proben in den Exsikkator und ließen sie nochmals (während des Öffnens des tiefgekühlten Exsikkators und des Einbringens der Proben tritt eine Erwärmung ein) nachgefrieren. Mit Hilfe einer stark saugenden Wasserstrahlpumpe wurde anschließend ein Vakuum angelegt und der Exsikkator wieder in die Gefriertruhe gestellt. Der Unterdruck wird alle 24 Stunden erneuert. Erwähnen möchte ich, daß ERIKSSON [3] dieses Verfahren schon in ähnlicher Weise für seine Harntrocknung anwandte.

Versuchsergebnisse und Diskussion

Die in Übersicht 3 angeführten Energiewerte von 3 Versuchsserien lassen deutlich Calorienunterschiede erkennen, welche durch die verschiedenen Behandlungen der Proben hervorgerufen worden sind.

Übersicht 3. *Caloriengehalte von Hühnerexkrementen in frischem und nach verschiedenen Verfahren getrockneten Proben in der Trockensubstanz*

	frischer Kot + 1 ml Dimethylformamid	im Luftstrom von 20—25° C über 18 Std. getrocknet cal/g	im Vakuumtrockenschrank bei 35° C 400 Torr über 18 Std. getrocknet cal/g	Gefriertrocknung bei — 18° C 400 Torr über 96 Std. getrocknet cal/g	bei 65° C über 18 Std. getrocknet cal/g
I	4267	4284	4276	4303	4252
	4234	4286	4299	4303	4231
	4280	4295	4276	4325	4245
	∅ 4260 ± 13,69	∅ 4288 ± 3,39	∅ 4284 ± 7,67	∅ 4310 ± 7,34	∅ 4243 ± 6,18
	m% 0,32	m% 0,08	m% 0,18	m% 0,17	m% 0,25
	rel.: 98,8	rel.: 99,5	rel.: 99,4	rel.: 100	rel.: 98,4
II	3498	3660	3677	3699	
	—	3672	3674	3696	
	3503	3667	3665	—	
	∅ 3500 ± 2,55	∅ 3666 ± 3,49	∅ 3672 ± 3,61	∅ 3698 ± 1,58	
	m% 0,07	m% 0,10	m% 0,10	m% 0,04	
	rel.: 94,6	rel.: 99,1	rel.: 99,3	rel.: 100	
III	3498	3684	3688	3752	
	3493	3699	3678	3765	
	3474	3689	3687	3773	
	∅ 3488 ± 7,31	∅ 3691 ± 4,42	∅ 3684 ± 3,19	∅ 3763 ± 6,12	
	m% 0,21	m% 0,12	m% 0,09	m% 0,16	
	rel.: 92,7	rel.: 98,1	rel.: 97,9	rel.: 100	

Von den 4 Trocknungsarten zeigt die bei 65° C die größten Energieverluste. Dieses Ergebnis überrascht nicht, da allgemein bereits aus der Literatur bekannt ist, daß eine Trocknung bei erhöhter Temperatur erhebliche Verluste bedingen kann. Aus dieser Erkenntnis heraus wurde die einfache Schranktrocknung bei den nachfolgenden Serien nicht wiederholt.

Die höchsten Werte erreichte die Gefriertrocknung, während bei der nassen Verbrennung unter Zusatz von Dimethylformamid die geringste Energie zu messen war. Diese große Differenz ist vielleicht auf eine nicht ganz vollständige Verbrennung der nassen Substanz zurückzuführen. Nach jeder Analyse war in den Schälchen der Bombe ein ähnlicher schwarzer Rückstand zu finden, wie er auf Abbildung 1 deutlich zu erkennen ist. Worauf diese Erscheinung zurückzuführen ist, kann nicht mit Bestimmtheit angegeben werden. Es ist jedoch anzunehmen, daß – ähnlich wie bei den ungepreßten Proben – die Verbrennung zu schnell verläuft und nicht genügend Sauerstoff in der kurzen Zeit an die Substanz gelangen kann.

Die Differenzen der Resultate zwischen der Gefrier- und der Luftstrom- bzw. Vakuumschranktrocknung sind zum Teil nur gering. Sie betragen relativ gesehen von 0,6 bis 2,1 v. H. Zur besseren Übersicht sind die Analysenergebnisse – auf die Einwaage von 1 g Frischsubstanz bezogen – in der Darstellung 1 graphisch aufgezeichnet. Die den drei Versuchsserien zugehörenden Kurven zeigen eine deutliche Parallelität. Die Differenzen zwischen den Versuchsreihen I bis III sind im wesentlichen durch die unterschiedlichen Wassergehalte des Ausgangsmaterials bedingt.

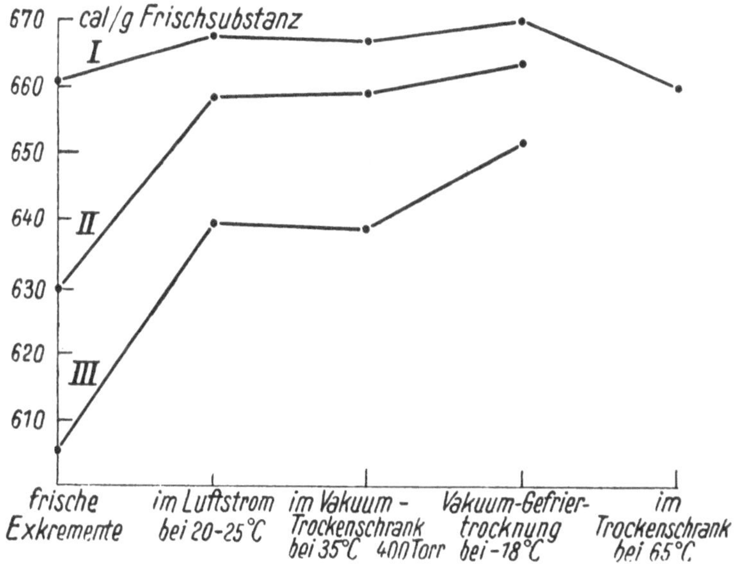

Darstellung 1. Energie in frischem Kot und nach der Einwaage unterschiedlich getrockneten Hühnerexkrementen

Die Übereinstimmung der Untersuchungsergebnisse mit denen von FENNER beweist, daß die vielfach vertretene Ansicht, die bei der Gefriertrocknung flüchtig werdenden Stoffe enthielten im Verhältnis zum Gewicht nur wenig Energie, nicht ganz richtig ist. Mit Hilfe des neuen Verfahrens, das den Wasserentzug nach der Einwaage der Substanzen erlaubt und jeden Einfluß vor der Probeentnahme ausschließt, konnte die Überlegenheit der Gefriertrocknung bei der Energiebestimmung bewiesen werden.

Vergleichende Kohlenstoffuntersuchung

Ähnlich wie bei den Calorienbestimmungen ist eine direkte Verbrennung von nassen Exkrementen zur Kohlenstoffanalyse mit großen Schwierigkeiten verbunden. Je nach Art des angewandten Verfahrens ist entweder eine quantitative Verbrennung des frischen Kotes nicht ganz möglich oder die beim Erhitzen übergehenden Wassermengen sind so groß, daß sie nur schwerlich von den meist mengenmäßig begrenzt vorgeschalteten Trocknungsmitteln sorbiert werden und zugleich noch einen Teil des Kohlendioxyds binden können.

Auf Grund dieser Kenntnisse haben wir es vorgezogen, auch hier wieder die nassen Kotproben vor der Analyse zu trocknen. Über die Verluste während des Wasserentzuges gibt es nur wenige Untersuchungen, die sich aber meistens mit dem Kot der Großtiere befassen und nicht Geflügelexkremente mit ihren Harnbestandteilen als Ausgangsmaterial benutzten.

MØLLGAARD [9] macht z. B. mit Rinderkot die Erfahrung, daß ein schnelles Eintrocknen die Stickstoffmenge in der Substanz etwas vermindert, den Kohlenstoffgehalt aber unverändert läßt. Diese Feststellung gilt aber nur für Trocknungszeiten für 5 kg Kot über maximal 3 mal 24 Stunden bei 99° C. Dauert der Wasserentzug jedoch länger (8 Tage), so konnten nach den Angaben von MØLLGAARD beträchtliche Verluste an C festgestellt werden.

Übersicht 4. *Gehalte an Kohlenstoff nach einer Trocknungszeit von 2 bzw. 8 Tagen bei 99° nach* MØLLGAARD [9]

Trockene C-Bestimmung		Feuchte C-Bestimmung
getrocknet in 8 Tagen	getrocknet in 2 Tagen	
5,08 %	5,41 %	5,27 %
5,42 %	5,70 %	5,77 %
5,55 %	5,82 %	5,83 %
5,50 %	5,69 %	5,80 %
—	11,36 %	11,20 %

Um auch Unterlagen über die Verluste an Kohlenstoff in Ausscheidungen von Hühnern zu erhalten, sind vergleichende Untersuchungen mit 4 verschiedenen Trocknungsverfahren durchgeführt worden. Nach den bisherigen Möglichkeiten kann der Kohlenstoffgehalt einer organischen Substanz einmal durch nasse oder aber trockene Verbrennung und Zuführung von Sauerstoff bestimmt werden. Bei den Kotuntersuchungen hat man sich jedoch in den meisten Fällen der trockenen Oxydation bedient. So sind die Mehrzahl der in der Literatur vorliegenden Energiebestimmungen in einer Calorimeterbombe ausgeführt worden. Seit einigen Jahren sind nun Geräte vorhanden, die eine halb- und auch vollautomatische C-Bestimmung ermöglichen. Über die Verwendung eines registrierenden Leitfähigkeitsmeßgerätes zur Kohlenstoffanalyse berichtet SCHNEIDER [12]. Uns stand ein neuer elektrisch beheizter Halbmikro-Automat nach REIHLEN und WEIN-

BRENNER [10] zur Verfügung, mit dem man nach einigen Erfahrungen gute Ergebnisse erzielen kann. Die Substanz wird bei diesem Gerät mittels eines Schiffchens in ein Quarzrohr eingeschoben und im Sauerstoffstrom bei einer Temperatur bis zu 850° C verbrannt. Die sich bildenden Gase müssen anschließend verschiede . starke Schichten von Kupferdraht, Silberwolle, Bleidioxyd, Platinasbest und Vinosit R bei Temperaturen von 700° C bzw. 180° C passieren. Das freiwerdende Wasser wird nach Verlassen des Rohres an Magnesiumperchlorat, das Kohlendioxyd von Natronasbest gebunden. Um Fehler durch Änderungen der Temperatur und des Luftdruckes zwischen Vor- und Rückwägung zu vermeiden, verwenden wir ein gewichts- und volumengleiches Gegengewicht.

Die Einwaage an frischen Exkrementen betrug zwischen 700 und 750 mg bei einem Wassergehalt von 80–85% H_2O. Ähnlich wie bei den Untersuchungen zur Energie-Bestimmung erfolgte die Trocknung der in Platinschiffchen eingewogenen Kotproben:

a) bei 65° C über 3 Stunden
b) im Luftstrom von 20–25° C über 18 Stunden
c) im Vakuumtrockenschrank von 35° C, 400 Torr über 18 Stunden
d) durch Gefriertrocknung bei –18° C, 400 Torr über 48 Stunden.

Die Substanzen waren nach den angegebenen Behandlungen nicht absolut trocken, sondern noch geringe Wassermengen, die durch Trocknungsmittel nach der Verbrennung gebunden wurden und die Analyse in keiner Weise störten.

Versuchsergebnisse der Kohlenstoffbestimmung und Diskussion

Die mit dem angegebenen Gerät erhaltenen Kohlenstoffwerte der verschieden getrockneten Exkremente sind in Übersicht 5 angegeben. Aufgeführt sind die Ergebnisse von 5 verschiedenen Untersuchungsreihen. Die Einzelergebnisse und ihre Mittelwerte weisen zwischen den verschiedenen Trocknungsarten nur sehr geringe Unterschiede auf. Zur besseren Anschauung sind auch hier die Durchschnittszahlen der Gruppen graphisch in der Darstellung 2 aufgezeichnet. Der Verlauf dieser Kurven läßt eine Gleichmäßigkeit erkennen, die auf nur geringe Einflüsse der verschiedenen Methoden des Wasserentzuges schließen lassen. Eine Ausnahme bildet die Trocknung bei 65° C über 3 Stunden, die etwas geringere Verluste bewirkte. Diese Erscheinung kann als eine Parallele zu den Untersuchungsergebnissen von MØLLGAARD [9] angesehen werden, der – wie schon erwähnt – bei einer kurzen Trocknungszeit bei Rinderkot gleichfalls kleinere C-Abnahmen während des Wasserentzuges feststellen konnte.

Der Grund für die nur geringen Unterschiede zwischen den einzelnen Trocknungsarten ist sehr wahrscheinlich dadurch zu erklären, daß nur geringe Mengen an Einwaage in Höhe von 700–750 mg den verschiedenen Einflüssen ausgesetzt waren. Die Trocknung solcher kleinen Proben ist natürlich sehr schnell abgeschlossen. Wenn trotzdem der Wasserentzug bei einzelnen Substanzen über

Übersicht 5. *Kohlenstoffgehalte von Hühnerexkrementen nach unterschiedlicher Trocknung der Proben in Prozent der Trockensubstanz*

	bei 65° C über 3 Std. getrocknet	im Luftstrom von 20—25° C über 18 Std. getrocknet	im Vakuumtrockenschrank bei 35° C 400 Torr über 18 Std. getrocknet	Gefriertrocknung bei — 18° C über 48 Std.
I	36,25	35,92	35,92	36,25
	36,52	35,86	36,03	36,41
	36,52	35,64	36,58	36,14
	∅ 36,43 ± 0,09 m % 0,25	∅ 35,81 ± 0,09 m % 0,25	∅ 36,18 ± 0,20 m % 0,55	∅ 36,27 ± 0,08 m % 0,22
II	38,86	38,09	38,86	38,39
	38,56	38,21	38,80	39,06
	40,04	38,03	37,85	39,21
	∅ 39,15 ± 0,46 m % 1,17	∅ 38,11 ± 0,05 m % 0,13	∅ 38,50 ± 0,33 m % 0,86	∅ 38,89 ± 0,25 m % 0,64
III	36,96	36,42	37,07	36,58
	36,96	37,02	37,12	37,07
	37,34	36,80	—	37,34
	∅ 37,09 ± 0,13 m % 0,35	∅ 36,75 ± 0,18 m % 0,49	∅ 37,10 ± 0,03 m % 0,08	∅ 37,00 ± 0,22 m % 0,59
IV	38,83	38,37	38,28	37,97
	37,85	38,46	38,10	38,64
	38,22	38,58	38,71	38,34
	∅ 38,30 ± 0,29 m % 0,76	∅ 38,47 ± 0,06 m % 0,16	∅ 38,36 ± 0,18 m % 0,47	∅ 38,32 ± 0,19 m % 0,50
V	38,61	37,54	37,84	37,96
	37,78	37,96	37,49	38,25
	38,13	37,01	37,96	37,60
	∅ 38,17 ± 0,24 m % 0,63	∅ 37,50 ± 0,27 m % 0,72	∅ 37,76 ± 0,14 m % 0,37	∅ 37,94 ± 0,19 m % 0,50

18 Stunden andauerte, so ist damit zu erklären, daß die Behandlung über Nacht ausgeführt wurde.

Bei den in Übersicht 5 aufgezeichneten Einzelwerten der Kohlenstoffbestimmung ist zum Teil eine starke Streuung zu erkennen. Diese Erscheinung ist auf die Analytik und die nachfolgende Umrechnung von Frisch- auf Trockensubstanz zurückzuführen. Hierin liegt natürlich ein großer Nachteil bei der direkten Verwendung von geringen Substanzmengen. Auf der anderen Seite darf aber nicht vergessen werden, daß auf diese Weise Fehler durch die Wasserbestimmung und vor allen Dingen die bei der Trocknung von Hühnerexkrementen auftretenden Verluste vermieden werden. Nach unseren Erfahrungen sind die erhöhten Schwankungsbreiten zwischen den Parallelen ohne weiteres durch eine etwas größere Zahl der Analysen auszugleichen, so daß die Werte der Kohlenstoffbestimmung mit nassen Exkrementen als Ausgangsmaterial in allen Fällen zu brauchbaren Ergebnissen führen.

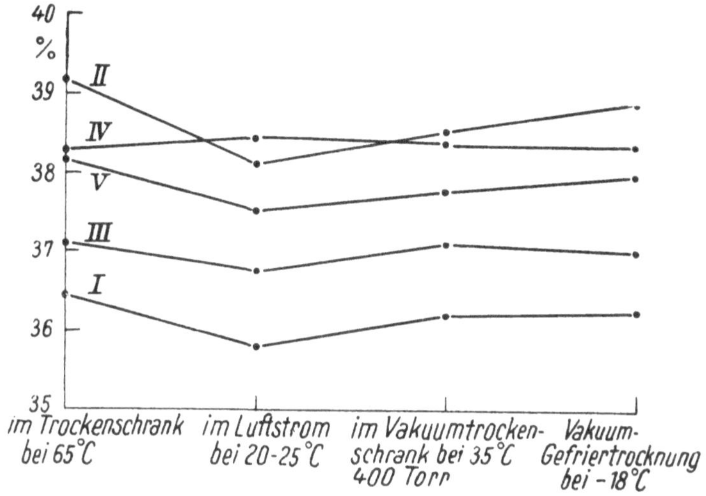

Darstellung 2. Kohlenstoffgehalte in % der Trockensubstanz

Zusammenfassung

Die Energie- und Kohlenstoffbestimmungen bereiten bei der Verwendung von nassen Substanzen Schwierigkeiten. Um die direkte Einwaage von frischen Hühnerexkrementen – die sich bei den Nährstoffbestimmungen sehr gut bewährt hat – auch bei den Calorien- und C-Bestimmungen benutzen zu können, sind Vergleiche mit verschiedenen Trocknungsmethoden ausgeführt worden.

Die calorimetrischen Analysen haben ergeben, daß die Gefriertrocknung gegenüber den anderen Verfahren und der nassen Verbrennung mit Zusatz von Dimethylformamid die geringsten Verluste während des Wasserentzuges bewirkt. Ein solcher exakter Vergleich konnte erst ausgeführt werden, nachdem es durch Anwendung eines neuen Verfahrens möglich war, die eingewogenen nassen Proben direkt zu trocknen und zu verbrennen, so daß die Vergleiche ohne Berücksichtigung von Wasserbestimmungen vorgenommen werden können.

Der Einfluß verschiedener Trocknungsverfahren auf die Kohlenstoffgehalte der Exkremente war nur sehr gering. Durch den Wasserentzug bei 65° C über 3 Stunden in einem normalen Trockenschrank konnten etwas höhere C-Werte erzielt werden.

Literaturverzeichnis

[1] BRATZLER, J. W. and SWIFT, R. W.: A Comparison of Nitrogen and Energy Determinations on fresh and oven-air dried Cattle Feces. J. Dairy Sci. 42, 1959, 686.

[2] COLOVOS, N. F., KEENER, H. A. and DAVIS, H. A.: Errors in Drying Silage and Feces for Protein and Energy Determinations. Improved Procedures. J. Dairy Sci., 40, 1957, 173.

[3] ERIKSSON, S.: Determination of Energy in Urin. Ann. Roy. Agr. Coll. Sweden 17, 1950, 396.

[4] FENNER, H.: Eine kritische Betrachtung der Energiebestimmung in frischem und getrocknetem Rinderkot. Landw. Forschung 12, 1959, 219.

[5] FLATT, W. P.: Effect of Methods of Preservation and Storage of Fecal samples on Energy losses. J. Dairy Sci. 40, 1957, 612.

[6] GHONEIM, A.: Über den Gesamtstoffwechsel bei Unterernährung und Produktionsfutter. Diss. Zürich 1929, 133.

[7] HARTFIEL, W.: Zur Bewertung von Futtermitteln im Tierversuch mit Hühnern. 1. Mitteilung. Arch. f. Tierernährung 11, 1961, 225.

[8] MANGOLD, E.: Handbuch der Ernährung und des Stoffwechsels der landw. Nutztiere. Verlag Springer Bd. II, 1929, 364.

[9] MØLLGAARD, H.: Fütterungslehre des Milchviehs. Verlag Scharper 1929, 62—63 und 59.

[10] REIHLEN, H. und WEINBRENNER, E.: Über automatische Elementaranalyse. Ztschr. „Die chemische Fabrik" 7, 1934, 63.

[11] SCHIEMANN, R.: General Discussion about Evaluation of Errors. 1. Symposium on Energy Metabolism, Copenhagen 1958, E A A P Publ. No. 8, 181.

[12] SCHNEIDER, W.: Die Bestimmung der Kohlenstoffgehalte von biologischen Substanzen mit Hilfe eines registrierenden Leitfähigkeitsmeßgerätes. Landw. Forschung 12, 1959, 214.

[13] TSCHERNIAK, A.: Stickstoffverluste beim Trocknen von Geflügelexkrementen. Landw. Jahrbuch d. Schweiz 1948, 1.

[14] ZAITSCHEK, A.: Zur Methodik der Bestimmung des Stickstoff- und Eiweißgehaltes der Faeces. Pflügers Arch. 98, 1903, 595.

Eingegangen am 23. 5. 1961

FSC
www.fsc.org
MIX
Papier | Fördert
gute Waldnutzung
FSC® C083411

Kolibri 360 GmbH
Ferdinand-Jühlke-Straße 7
99095 Erfurt, Deutschland
produktsicherheit@kolibri360.de